CHAYI YU CHAWENHUA

茶艺与茶文化

U0165986

主　编　冯　时
副主编　宋小玉　黄　婧　韩艳娜
参　编　汪远洋　孙伶俐　梅俊方
　　　　熊　瑛

华中科技大学出版社
http://www.hustp.com
中国·武汉

内 容 简 介

　　本书系统地介绍了茶文化、茶艺基础、茶艺技能,参照茶艺师职业技能标准,以市场人才需求为导向,基于高职院校学生学情特点,理论与实践相结合。旨在普及茶文化,培养文化自信的现代茶艺师。全书采用项目驱动式编写,包括追溯茶之源、赏析茶文学、辨识茶之类、探寻茶之水、初识茶之器、浅析茶之席、训练茶之礼、掌握泡茶要素、掌握泡茶手法、掌握泡茶技法十个项目。本书既可作为高职高专院校茶艺课程教材使用,也可作为茶艺爱好者的茶生活美学参考用书。

图书在版编目(CIP)数据

茶艺与茶文化/冯时主编. —武汉:华中科技大学出版社,2022.3(2025.1重印)
ISBN 978-7-5680-8090-3

Ⅰ.①茶… Ⅱ.①冯… Ⅲ.①茶艺-中国 ②茶文化-中国 Ⅳ.①TS971.21

中国版本图书馆 CIP 数据核字(2022)第 037610 号

茶艺与茶文化
Chayi yu Chawenhua

冯　时　主编

策划编辑:彭中军
责任编辑:张　娜
封面设计:孢　子
责任监印:朱　玢
出版发行:华中科技大学出版社(中国·武汉)　　电话:(027)81321913
　　　　　武汉市东湖新技术开发区华工科技园　　邮编:430223
录　　排:武汉创易图文工作室
印　　刷:北京虎彩文化传播有限公司
开　　本:880 mm×1230 mm　1/16
印　　张:10.5
字　　数:340 千字
版　　次:2025 年 1 月第 1 版第 7 次印刷
定　　价:59.00 元

茶,起源于中国,盛行于世界。茶文化是中国优秀传统文化的重要组成部分,具有丰富的文化内涵和重要的传承价值。弘扬茶文化是深入贯彻落实《关于实施中华优秀传统文化传承发展工程的意见》,践行为建设社会主义文化强国,增强国家文化软实力,实现中华民族伟大复兴的中国梦的重要举措。

随着社会的发展和人民日益增长的美好生活需要,茶艺师作为新的职业应时而生,行业用人缺口大,茶艺课程也成为高职院校相关专业的专业必修课和公共选修课。为满足这类专业人才的培养要求,我们在丰富的教学实践基础上,成功申报了湖北省重点教研课题"职业院校传承传播荆楚茶文化的实证研究"(项目编号:ZJGA202139),结合高职院校学生的学情和教学特点编写了这本教材。

全书具有以下几个特色。

一、岗课赛证融通,创设典型情境任务

本书对照茶艺师岗位需求、课程标准、茶艺技能大赛评分标准以及茶艺师职业技能考证要求,以茶艺师实际工作过程为主线编写,以项目化教学为基础,创设典型工作情境任务。全书共设计十个项目,采用项目驱动的方式,从介绍背景知识入手,再逐步分解展示操作技能,将理论与实践紧密结合,旨在培养学生的综合能力。例如在项目十泡茶技法中,玻璃杯绿茶指定茶艺、盖碗红茶指定茶艺、双杯法泡乌龙茶指定茶艺均以茶艺技能大赛中指定茶艺竞技的标准编写。

二、穿插名人与茶的故事,教材思政育人

围绕立德树人根本任务,坚持将知识教育、能力教育和价值引领相结合,融入茶艺师的职业规范、爱岗敬业的职业精神、中华茶艺等系列内容,学习中华文化之国粹,坚定文化自信。书中每个项目讲述一位领袖、伟人与茶的故事,引发学生深入思考,学习冲泡品鉴一杯时令茶,服务于人民对美好生活的向往,力求将学生培养成"懂理论、有情怀、能创新、爱生活"的高素质技术技能型人才。

三、同步线上资源库,打造立体化教材

教材编写团队建设的《茶艺与茶文化》课程资源,配套建设了九十二个慕课视频(扫书中二维码即可学习)、教案、课件、照片及课后练习题等教学资源,内容丰富、形象生动,可以提高学生的学习兴趣和学习效率。通过本教材的学习,学生能较好理解和掌握茶文化知识和茶艺技能。

本书由湖北生态工程职业技术学院茶艺与茶文化教研室主任冯时担任主编并负责拟订提纲和全书的统筹工作。具体分工为:

湖北生态工程职业技术学院冯时编写项目一的任务三,项目三的任务二,项目五的任务一、任务三,项目七的任务一和任务二,项目八,项目九,项目十;宋小玉编写项目一的任务一和任务二,项目二,项目四,项目六;汪远洋编写项目五的任务二;湖北省茶业集团韩艳娜编写项目三的任务一;武汉软件工程职业学院黄婧编写项目七的任务三;武汉民政职业学院梅俊方负责全书编辑整理工作,武汉软件工程职业学院孙伶俐和湖北生物科技职业学院熊瑛参与本书校对工作。本书在编写过程中,参考了大量的书籍和资料,吸收了许多学者的优秀成果。

由于时间仓促,编者水平有限,疏漏之处在所难免,敬请读者批评指正,反馈邮箱:2388630@qq.com。

编 者

2022 年 2 月

目录
Contents

项目一

追溯茶之源

——中美建交赠国礼"大红袍"——

1972 年初，继周恩来头一年用一颗小小的乒乓球打开中美建交的大门后，尼克松来到了中国。东方古国的一切都让这位总统先生感到好奇，特别是中国人的热情好客，给他留下了深刻的印象。但是，毛泽东送给他的一包茶叶却让他傻了眼，那是小小的一包茶叶，才四两。

尼克松纳闷了：自古就以茶叶出名的泱泱大国，毛主席就送他四两茶叶？

气氛一时有点尴尬。在一旁察言观色的周恩来对尼克松说："总统先生，您知道吗？'大红袍'母树生长在九龙窠陡峭的绝壁上，现在仅存 6 棵，每年春季架云梯采之，产量极少，被视为稀世珍品。"尼克松听了肃然起敬，并深感荣幸。

> **知识目标**

(1)了解茶的起源。

(2)了解人类利用茶的四个阶段。

(3)了解中国茶区的划分。

(4)了解茶树的类型与构成。

> **能力目标**

(1)能将茶的历史知识运用于茶文化传播中。

(2)能将茶区、茶树知识运用到实际茶事服务工作中。

> **素质目标**

(1)感知中华民族灿烂悠久的茶文化。

(2)明确中国是世界茶的发源地,增强民族自豪感。

>→ **学前自查**

你有喝茶的习惯吗?	经常	偶尔	从不
你知道世界茶的起源在哪里吗?	中国	其他,_____	
你的家乡有茶树吗?	有	没有	在别处见过
你的家乡有与茶相关的产业吗?	有	没有	在别处见过
你的家乡有与茶相关的景点吗?	有	没有	在别处见过
你会辨认茶树吗?	会	不会	仅认识
你能说出茶在生活中的作用吗?	不能	1种,_____	更多,_____
你能说出不同的饮茶方式吗?	不能	1种,_____	更多,_____
你能说出与茶相关的历史人物吗?	不能	能,_____	
你能说出与茶相关的典故吗?	不能	能,_____	

任务一 了解中国茶的起源

>→ **任务引入**

茶,是中国人的一项重大发现,是中华民族的举国之饮。茶之为饮,发乎神农氏,闻于鲁周公,兴于唐,而盛于宋。如今,茶已经成为风靡世界的三大无酒精饮料(茶、咖啡和可乐)之一。追根溯源,世界各国最初饮用的茶叶、引种的茶树和饮茶方法等都是直接或间接地从中国传入的。

一、茶树的起源

中国是茶树的原产地,一般认为茶树起源于6000万至7000万年前,我国西南地区是世界上最早发现野生茶树的地方,也是现存野生大茶树最多、最集中的地方,同时这里也是最早发现茶、利用茶的地方。

根据植物分类,世界山茶科植物共23个属380多种,分布在我国的就有15个属260余种,主要分布在

云南、广西、广东、贵州等北纬线 25°两侧。

　　早在 3000 多年前,我国云贵高原的川、鄂、滇、黔相邻地带已有茶的栽培和采制。迄今为止,世界上没有别的国家有更早的对茶的记载和发现。

　　但对茶树的原产地问题,曾出现过不同观点。1824 年英国人勃鲁士(R. Bruce)在印度阿萨姆(Assam)发现野生茶树后,便宣称印度是茶树原产地,掀起了历时一百多年的中印"茶树原产地"之争。

　　1922 年,从日本留学归来的吴觉农在《中华农学会报》第 37 期发表论文《茶树原产地考》,从中国茶树起源、中国茶业历史的渊源等多方面系统地反驳了某些人对茶树原产地的错误认识,并列举大量事实,用古文献资料以及野生茶树分布等论证了茶树确实原产于中国。

　　1997 年 4 月 8 日,中国邮电部发行了《茶》特种邮票,全套 4 枚。如图 1-1 所示的这枚邮票上的茶树位于云南澜沧拉祜族自治县富东乡邦崴村,是迄今为止全世界范围内发现的唯一古老的过渡型大茶树。它是茶树发展史中从野生型到栽培型之间过渡型茶树的物证,同时也是"茶树原产于中国""饮茶源于中国"的有力物证。

图 1-1　邮票

二、茶树的类型与构成

(一)茶树的类型

　　茶树是多年生木本常绿植物,在植物分类学上属双子叶植物纲、山茶目、山茶科、山茶属。根据植株的高度和分枝习性,茶树有灌木、小乔木和乔木之分(见图 1-2)。

　　从外形特征看,乔木型茶树有明显的主干,分枝部位高,树势高大,达数米至十多米,是较原始的茶树类型。栽培茶树多为灌木型,植株低矮,无明显主干,主要枝条都由根茎处分出,树高 1～3 米。小乔木型茶树介于上述二者之间,分枝部位较高,从植株根部到中部有明显主干,植株上部主干则不明显,树势较高。

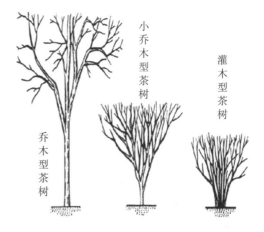

图 1-2　茶树的分类

　　从地理区域看,云南、贵州、四川、重庆的茶树以乔木型为主,其次是小乔木型和灌木型;广东、广西地区虽有乔木型茶树,但多为小乔木型。长江中游以南地区为茶树传播的过渡带,江西、福建两地虽三种茶树都有,但以灌木型为主;湖北、湖南两省已不见乔木型茶树,小乔木型仍存在,但以灌木型为主;江苏、浙江、安徽三省的茶树全部是灌木型。

(二)茶树的构成

1. 根

　　茶树的根由主根、侧根、细根和根毛组成,为轴状根系(见图 1-3)。种子的胚根发育形成主根,垂直向地下生长,并不断生长出侧根。侧根的前端分生出乳白色的吸收根,即细根,细根表面则密生根毛。

　　主根和侧根起到固定茶树、吸收、运输、合成、疏导、贮藏养

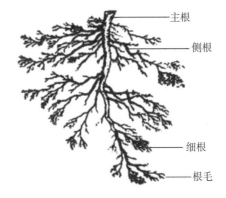

图 1-3　茶树对根系

分的作用,寿命较长;细根和根毛不断更新,寿命较短。茶树的生长发育与根系的生育密切相关,"根深叶茂、本固枝荣"揭示了培育好根系的重要性。

2. 茎

茶树的茎由主干、主轴、骨干枝和细枝组成。分枝以下的部分称为主干,分枝以上的部分称为主轴。主干是区分茶树类型的重要依据。

茎的作用是将根部吸收来的水分和矿物质输送到芽和叶,并将叶片中因光合作用而产生的有机物质输送到根部贮藏起来。茶树的枝茎有很强的繁殖能力,将枝条剪下一段插入土中,在适宜的条件下即会生出新的根系,成长为新的植株。

3. 叶

茶树的叶片是制作茶叶的原料,也是茶树进行光合作用的主要器官。叶片有主脉和侧脉,侧脉在前端2/3处弯曲组成一个闭合的网状输导系统。叶片的叶缘有锯齿,一般有16～32对。叶片的网状结构和叶缘的锯齿是茶树叶片形态学的重要特征,常作为鉴别真假茶的依据。

茶树叶片上的茸毛称为茶毫(见图1-4),这是茶叶细嫩、品质优良的标志。同时,茶毫有一定的储温作用,可以保护顶芽免受冻害。从嫩芽、幼叶到嫩叶,茶叶的毫逐渐减少,一般到第四叶便无茶毫可言了。

4. 花

茶树的花朵被植物学家称为完美之花(见图1-5)。茶花为两性花,多为白色,少数为粉红色,雌蕊和雄蕊只接收其他植物的花粉,使茶树间的基因不断重组,能产生更优势的植株。茶花由授粉至果实成熟,大约需要一年零四个月的时间。

图1-4 茶毫

图1-5 茶花

5. 果

茶树的果实是茶树进行繁殖的主要器官,包括果壳、种子两部分。果壳未成熟时为绿色,成熟时呈棕色并开裂,多为二球果或三球果。茶籽可榨油,茶饼粕可酿酒或提取工业原料茶皂素。

三、茶区的分布

我国产茶区域辽阔,东起121°45′E的台湾地区宜兰,西至94°15′E西藏自治区林芝,南起18°46′N的海南省五指山市通什镇,北到36°04′N的山东省青岛。产茶地遍及山东、河南、陕西、甘肃、重庆、四川、西藏、云南、贵州、湖南、湖北、安徽、江西、江苏、浙江、福建、广东、广西、海南及台湾等20个省、自治区、直辖市。

根据生态条件、历史沿革、栽培习惯、饮茶习俗等因素,全国大体划分为4个茶区。

1. 西南茶区

西南茶区是中国最古老的茶区,包括贵州、四川、重庆、云南中北部、西藏东南部,属于亚热带气候。由于地势高,地形复杂,气候差别大,年平均气温在四川盆地为17℃,云贵高原为14~15℃,极端最低温度可达 -8~-5℃。年降水量1000~1700 mm。

西南茶区茶树品种资源丰富,主产绿茶、红茶、普洱茶和花茶等,是发展红碎茶的重要基地。名茶有蒙顶甘露、都匀毛尖、竹叶青等。

2. 华南茶区

华南茶区位于中国的南部,包括福建南部、广东中南部、广西中南部、云南南部、海南及台湾,属边缘热带气候。年平均气温在18~24℃,极端最低温0℃左右,年降水量1200~2000 mm。土壤以红壤、黄壤为主,pH值5~5.5。

华南茶区是最适宜茶树生长的生态区,是乌龙茶和普洱茶的主产区,也产绿茶、红茶。名茶有安溪铁观音、武夷大红袍、冻顶乌龙、广西六堡茶、云南普洱茶等。

3. 江南茶区

江南茶区是茶树适宜生态区,也是分布最广的茶区。江南茶区位于长江中下游的南部,包括广东、广西、福建中北部,湖北、安徽、江苏南部,浙江、江西和湖南全部,属南、中亚热带季风气候,四季分明,温暖湿润,夏热冬寒。全年平均气温在15~18℃,极端最低温在-15~-8℃,年降水量1100~1600 mm。土壤以红壤、黄壤为主,pH值5~5.5。

江南茶区是中国最主要的茶区,其茶叶产量占总产量的2/3,囊括了红、绿、青、黄、白、黑所有茶类,盛产名茶,是西湖龙井、洞庭碧螺春、黄山毛峰、君山银针、太平猴魁、祁门红茶、恩施玉露、宜红工夫等名茶的原产地。

4. 江北茶区

江北茶区位于长江中下游北部,包括江苏、安徽、湖北北部,河南、陕西、甘肃南部及山东省东南部,属于北亚热带和暖温带季风气候,雨量偏少,冬季干燥寒冷,年平均气温13~16℃,极端最低温可达-15℃以下,年降水量在1000 mm以下。土壤呈酸性和微酸性,pH值为6~6.5。

江北茶区的茶树以灌木型中小叶种为主,茶叶产区呈点状或块状分布,除了生产少量黄大茶外,几乎都生产绿茶。名茶有六安瓜片、舒城兰花、信阳毛尖、崂山绿茶等。

≫→ 任务测评

一、单项选择题

1.最早发现茶的人是( )。

A.陆羽 B.神农氏 C.吴觉农 D.吴理真

2.世界上最早利用和种植茶的国家是( )。

A.印度 B.英国 C.日本 D.中国

3.我国茶的发源地是( )。

A.西南地区 B.华南地区 C.东南地区 D.江南地区

4.茶树性喜温暖、湿润,通常气温在( )之间最适宜生长。

A.10~18℃ B.18~25℃ C.25~30℃ D.30~35℃

5.世界上最古老的野生茶树在哪里?( )。

A.湖南 B.云南 C.湖北 D.福建

二、多项选择题

1.下列选项属于茶树的起源中心地区的有( )。

A.浙江 B.四川 C.云南 D.贵州

2.西南茶区地形复杂,大部分地区为盆地、高原,以下属于西南茶区的地区有( )。

A.云南 B.广西 C.四川 D.贵州

3. 以下哪些书籍不是最早记载茶的（　　）。

A.《茶经》　　　　　B.《神农本草经》　　　C.《大观茶论》　　　D.《茶之源》

4. 国家一级茶区分为四个，即（　　）、江南茶区、江北茶区。

A. 西南茶区　　　　B. 华北茶区　　　　C. 华中茶区　　　　D. 华南茶区

5. 中国主要产茶区域共有四个，依次为江南茶区、江北茶区、西南茶区、华南茶区，请问下列选项中哪些名茶不是华南茶区主要盛产的？（　　）。

A. 福鼎白茶　　　　B. 蒙顶甘露　　　　C. 普洱茶　　　　D. 六堡茶

三、简答题

1. 请描述《神农本草经》中关于茶叶发现的记述。

2. 茶树在植物分类学上属于哪一类？

3. 请问茶树的种类有哪些？

4. 请简述我国四大茶区。

5. 我国的名茶有许多，请列举几个。

▶▶ | 知识拓展 | ......

图 1-6 为茶籽化石。这颗茶籽化石于 1980 年在贵州省被发现，经鉴定确认为四球茶籽化石，距今至少已有 100 万年，是迄今为止世界上发现的最古老的茶籽化石。

图 1-6　茶籽化石

任务二　熟悉中国茶的利用

▶▶ | 任务引入 | ......

茶圣陆羽在他的著作《茶经》中提到"茶之为饮，发乎神农氏，闻于鲁周公。"人类对茶的利用是从神农氏开始的，神农氏时期主要是药用。在历史的长河中，人类利用茶叶的方式大体上经过了四个阶段。

一、药用

茶最初发现于公元前 2700 多年的神农氏时代。我国第一部医药专书《神农本草经》约成于汉代，记载了"神农尝百草，日遇七十二毒，得荼而解之"的传说，这里的"荼"就是"茶"，这也是我国最早发现和利用茶叶的记载。

我们自称为炎黄子孙，神农是炎黄两帝中的炎帝，被尊为中华民族的农业之神和医药之神。据说，那时候人们经常因乱吃东西而生病，甚至丧命，神农便下定决心要亲尝百草。有一次，他在野外吃了一种有毒的野菜，就倒在地上，奄奄一息，就在这时候，一阵风吹过，将一片树叶吹到神农的嘴边，他嚼了以后便得救了。从那之后，神农就将这种叶子叫作茶。

我们的祖先最初仅把茶叶当作药物，他们从野生大茶树上将鲜叶采摘下来，口嚼生食，用来解毒治病。这样的用途至今仍保留在云南一些少数民族中，如纳西族的"龙虎斗"。

二、食用

到了春秋时代，人们开始将茶叶用作祭品、煮作羹饮或当成蔬菜食用。《晏子春秋》中有记载，晏婴在齐

景公时为国相,以反对横征暴敛,主张宽政省刑,节俭爱民,因此被尊称为晏子。晏子日常吃的除了糙米和三五样荤食,就是以茶叶当菜食。

从秦汉到魏晋南北朝的800多年间,茶的利用通常是煮作羹饮。三国时代魏国的张揖在《广雅》中记载:"荆巴间采叶作饼,叶老者,饼成以米膏出之。欲煮茗饮,先炙令赤色,捣末,置瓷器中,以汤浇覆之,用葱、姜、橘子芼之。"人们先把饼茶在火上炙烤至呈红色,捣成茶末,放入瓷器中,倒入煮沸的水,再加葱、姜、橘皮等搅拌后饮用。这种混煮成羹的茶饮料,在西晋的文献中被称作"茶粥",在《司隶教》中就有"蜀妪作茶粥卖"的记载。

至今,我国少数民族地区仍沿袭古法,桂、闽、粤、赣等地的"擂茶"就是茶叶食用的延续,云南布朗族等少数民族还保留着"凉拌茶菜"和"油茶"等吃法。

三、饮用

到了秦以后,原本药用和食用的茶开始被人们当作饮料。关于这一点,顾炎武在《日知录》中有记载"自秦人取蜀之后,始有茗饮之事"。

茶叶在秦汉时期已被推广成饮品,还有一则重要的文献可以佐证,那就是西汉王褒的《僮约》。王褒是四川的一个地主,一天他到寡妇杨惠家中,并差使杨家一个名叫便了的仆人去沽酒。便了是杨惠丈夫在世时买入的家奴,他不听王褒的差使,还跑到亡故的主人坟前大哭,说当年主人买他回来"但要守家,不要为他人男子沽酒"。王褒恼羞成怒,要把便了买回家去。便了说:"你买我,那要提前把我要做的事情列出来,写在纸上。今后但凡是纸上没有写的,我都不干。"王褒提笔写下了《僮约》,其中有关茶叶的记述有两处"烹茶尽具""武阳买茶"。

自此之后,饮茶方式经历了漫长的发展和变化,不同阶段的饮茶方式和特点都不相同,本书项目一任务三中会对这点做详细说明。

四、多用

到了现代,人们对茶的利用已经到了深加工综合利用阶段。茶叶深加工主要是指以茶叶生产过程中的茶鲜叶、茶叶、茶叶籽、修剪叶以及由其加工而来的半成品、成品或副产品为原料,通过集成应用生物化学工程、分离纯化工程、食品工程、制剂工程等领域的先进技术及加工工艺,实现茶叶有效成分或功能的组合与分离,并将其应用到人类健康、动物保健、植物保护、日用化工等领域。

我国茶叶深加工经过近30年的发展,技术体系与产品体系基本成熟,开发出了具有更高附加值的天然药物、保健食品、含茶食品、食品添加剂、日化用品、动物健康产品、植物保护剂、建材添加剂等功能性终端产品。

 任务测评

一、单项选择题

1.陆羽创作了一本叫( )的书。

A.《神农尝百草》　　B.《本草纲目》　　C.《大观茶论》　　D.《茶经》

2.茶具这一概念最早出现在西汉( )中"烹茶尽具"。

A. 王褒《僮约》　　B. 宋徽宗《大观茶论》　C. 卢仝《茶歌》　　D. 封演《封氏闻见记》

3.( )在宋代的名称叫茗粥。

A.散茶　　　　B.团茶　　　　C.末茶　　　　D.擂茶

4.《神农本草经》是最早记载茶为( )的书籍。

A.食用　　　　B.礼品　　　　C.药用　　　　D.聘礼

5.茶叶为饮的发展变迁是( )。

A.药用—食用—饮用　B.食用—饮用—药用　C.食用—药用—饮用　D.以上都不是

二、多项选择题

1. 以下哪些茶图描绘了宫廷贵族饮茶的场面?(　　)

A.《文会图》　　　　　B.《明皇合乐图》　　　　C.《宫乐图》　　　　　D.《事茗图》

2. 哪些不是侗族的饮茶习俗?(　　)

A. 咸奶茶　　　　　　B. 竹筒茶　　　　　　　C. 打油茶　　　　　　D. 酥油茶

3. 历史上中国茶叶同(　　)一起通过千年的古丝绸之路走向了世界。

A. 丝绸　　　　　　　B. 瓷器　　　　　　　　C. 火药　　　　　　　D. 指南针

4. "龙虎斗"不是纳西族人治疗(　　)的秘方。

A. 骨折　　　　　　　B. 胃病　　　　　　　　C. 感冒　　　　　　　D. 解暑

5. 下列哪些故事和传说与茶有关?(　　)

A. 神农尝百草　　　　B. 陆羽煎茶　　　　　　C. 乾隆御封龙井茶　　D. 夸父逐日

三、判断题

1. 世界上第一部茶书是《茶经》。(　　)

2. 最早记载茶为药用的书籍是《大观茶论》。(　　)

3. "龙凤茶"的创制,把我国古代蒸青团茶的制作工艺推向一个历史高峰。(　　)

4. 我国少数民族地区都有饮茶习惯,其中酥油茶是藏族的主要茶饮。(　　)

5. 茶最早被人类发现和利用,是因为它的药用价值。(　　)

任务三　掌握饮茶方式的演变

▶▶▶ 任务引入 ......

中华上下五千年,随着我国社会经济的发展和人民生活水平的提高,饮茶方式也经历了漫长的发展和多彩的变化。不同的地理气候、经济、文化背景也决定了当时独特的饮茶方式。饮茶方式大体上经历了五个阶段,即煮茶法、煎茶法、点茶法、冲泡法、调饮法。

一、第一个阶段:煮茶法

煮茶是唐朝以前最普遍的吃茶方式,这个阶段把茶当成粥和菜一样食用,人们将新鲜茶叶与黑芝麻、桃仁、瓜子仁等配料,加入盐一起煮粥,或与椒、姜、桂、陈皮等调料,一并煮汤。我国边远地区的少数民族多在唐代形成这种饮茶习惯,至今仍习惯于在茶汁中加入其他食品,如藏族的酥油茶,侗族、瑶族的打油茶,土家族的擂茶等。

二、第二个阶段:煎茶法

唐代中晚期,煮茶法逐渐被陆羽所提倡的煎茶法所代替,煎茶法是指陆羽在《茶经》里所创造、记载的一种烹煎方法,其茶主要用饼茶,经炙烤、冷却后碾罗成末,初沸调盐,二沸投末,并加以环搅、三沸则止。分茶最适宜的是头三碗,饮茶趁热,及时洁器。而煮茶法中茶投冷、热水皆可,需经较长时间的煮熬。煎茶法的主要程序详见表1-1。

表 1-1　煎茶法

阶　段	步　骤	详　细　做　法
准备	炙茶	将饼茶内的水分烘干,用火逼出茶的香味
	碾末	待炙烤过的饼茶冷却后碾成末
	煮水	煮水用"鍑(大口锅)",燃料最好用木炭,以山水为好,江水次之,井水再次之
煎茶	加盐	水至一沸时,加入适量的盐调味
	舀水	水至二沸时,先舀出一瓢水备用
	投茶	用茶箸在锅中搅动,当出现水涡时,将茶末从漩涡中心投下
	止沸	水至三沸,将先前舀出备用的水倒进去,使锅内降温停止沸腾,以孕育沫饽
	取锅	把锅从火上拿下来,放在"交床"上
酌茶	分茶	舀茶汤倒入碗里,须使沫饽均匀;一般每次煎茶一升,酌分五碗,趁热饮用

唐代煎茶除了有陆羽《茶经》的文字记载,还可以在初唐宫廷画家阎立本所作《萧翼赚兰亭图》(见图 1-7)和另一幅佚名作《宫乐图》(见图 1-8)中得以一见。

图 1-7　《萧翼赚兰亭图》(宋代摹本)

图 1-8　《宫乐图》

三、第三个阶段:点茶法

点茶法最早起源于唐代晚期,于北宋逐渐流行开来,并传入日本,流行至今,日本茶道中的抹茶道采用的就是中国宋朝时的点茶法。

点茶法的流程是,先用纸张包好茶饼,将其捶碎,然后将捶碎的茶放于茶碾上研磨成粉末,最后将粉末用茶罗过筛。将细腻的茶粉末放在茶盏里,注入开水,用"茶筅"(用老竹制成,形状类似小扫把的工具)慢慢搅动茶膏。待茶汤表面浮起乳沫时再饮用,详见图 1-9。

茶兴于唐而盛于宋。唐代积淀下来的成果,在宋代得到了升华。"品香、斗茶、插花、挂画"在宋代被称为"四大雅事"。南宋画家刘松年有一幅《斗茶图》,现藏于台北故宫博物院,描绘了民间斗茶的情景(见图 1-10)。可见宋代饮茶已在社会各个阶层中普及,当时上至宫廷、下至民间斗茶之风盛行。

四、第四个阶段:冲泡法

冲泡法始于唐代,盛行于明清。唐代发明蒸青制茶法,专采春天的嫩芽,经过蒸焙之后,制成散茶,饮用时用全叶冲泡。这是茶在饮用方法上又一进步。散茶品质极佳,饮之宜人,引起饮者的极大兴趣。为了辨别茶质的优劣,当时已形成了评价色香味的一整套方法。宋代研碎冲饮法和全叶冲泡法并存。至明代,制茶方法以制散茶为主,人们沏茶,再用不上"炙、研、罗"了,而是将散茶置入壶(碗、杯)中,直接用沸水冲泡,这就是人们至今常说的泡茶。这种直接用沸水冲泡的沏茶方法,不仅简便,而且保留了茶的清香,更便于对茶的直观欣赏,可以说,这是中国饮茶史上的一大创举,也为饮茶不过多地注重形式而较为讲究情趣创造了条件,所以,一直沿用至今。

1. 碎茶　　2. 碾茶　　3. 罗茶　　4. 茶末置盒

8. 置茶托　　7. 搅拌茶末　　6. 点茶(注汤入盏)　　5. 撮末于盏

图 1-9　点茶法

图 1-10　《斗茶图》(南宋 刘松年)

五、第五个阶段:调饮法

近年来,新中式茶饮在中国迅速崛起。将茶叶、奶和果蔬融合开发出的新式饮品颇受年轻人喜爱,随之,调饮师也成为年轻人青睐的就业之选。该饮茶方式就是往茶水中加入各种调料、佐料,比如牛奶、糖、蜂蜜、水果、饼干等,新式茶饮料被消费者统称为奶茶类。当今世界很多国家都是采用调饮的喝茶方式,如美国冰茶、英国英式下午茶、阿根廷马黛茶、马来西亚拉茶等。目前,国内调饮茶流行的主要品牌有喜茶、奈雪的茶、茶颜悦色等。

》》⊙ 任务测评 ⋯⋯⋯

一、单项选择题

1. 唐代盛行的饮茶方式是(　　　)。

A. 点茶　　　　　　　B. 煎茶　　　　　　　C. 煮茶　　　　　　　D. 冲泡

2. (　　　)饮用茶叶主要是散茶。

A. 明代　　　　　　　B. 宋代　　　　　　　C. 唐代　　　　　　　D. 汉代

3. 唐代饮茶风盛的主要原因是(　　　)。

A. 社会鼎盛　　　　　B. 文人推崇　　　　　C. 朝廷诏令　　　　　D. 茶叶发展

4. 斗茶的主要内容是评比(　　　)技术和茶质优劣。

A. 调茶　　　　　　　B. 点茶　　　　　　　C. 分茶　　　　　　　D. 煮茶

5. 我国历史上被称为"不可一日无茶"的君主是(　　　)。

A. 李煜　　　　　　　B. 朱元璋　　　　　　C. 乾隆　　　　　　　D. 康熙

二、多项选择题

1. 哪些娱乐不是因唐代社会鼎盛所盛行的?(　　　)

A. 饮茶　　　　　　　B. 斗茶　　　　　　　C. 习武　　　　　　　D. 对弈

2. 哪些不是宋代推动全民饮茶的主要人物?(　　　)

A. 宋高宗　　　　　　B. 宋太祖　　　　　　C. 宋仁宗　　　　　　D. 宋徽宗

3.在"烧水点茶"中，"点茶"之风不盛行于哪些朝代？（　　）

A.明代　　　　　　　　B.唐代　　　　　　　　C.西汉　　　　　　　　D.宋代

4."罢造龙团，听茶户惟采芽茶以进"是历史上哪位皇帝提出的？下列选项不正确的是（　　）。

A.朱元璋　　　　　　　B.赵佶　　　　　　　　C.朱棣　　　　　　　　D.乾隆

5.陆羽《茶经》指出：其水，（　　）。

A.山水上　　　　　　　B.江水中　　　　　　　C.井水下　　　　　　　D.河水下

三、判断题

1.唐代煎茶法在制茶过程中需要经过炙茶、碾茶两道程序。（　　）

2.斗茶在宋代得以流行。（　　）

3.茶馆是唐代出现的。（　　）

4.明代时紫砂茶具进入发展时期。（　　）

5.挂画、插花、焚香、品茗四艺整合出现的朝代是汉朝。（　　）

四、简答题

1.请简述唐代煎茶的主要步骤。

2.请简述茶百戏。

3.明太祖朱元璋废团改散的主要原因是什么？

4.请列举茶事相关的绘画作品。

5.请简述宋代点茶的主要步骤。

项目二
赏析茶文学

一片叶子富了一方百姓

2003 年 4 月,时任浙江省委书记习近平在安吉县黄杜村考察白茶基地,对于黄杜村因地制宜发展茶产业的做法给予充分肯定,他发出了"一片叶子富了一方百姓"的由衷赞叹。

十多年来,荒山变茶山,茶山变金山银山。一片叶子不仅富了一方百姓,如今更是造福了四方百姓。2018 年 4 月,安吉县黄杜村 20 名农民党员给习近平总书记写信,汇报村里种植白茶致富的情况,提出捐赠 1500 万株茶苗帮助贫困地区群众脱贫。川湘黔 3 省 4 县的 34 个建档立卡贫困村成为受捐地。

2018 年 10 月,从浙江省安吉县溪龙乡黄杜村运出的首批安吉白茶"扶贫茶苗"抵达青坪村。青坪村是青川县面积最大的白茶基地。白茶见证着青川脱贫攻坚,也成为浙川两地沟通交流的纽带,续写着"一片叶子富了一方百姓"的故事。

> **知识目标**

(1)掌握我国不同历史时期茶文化的内容。

(2)理解茶文化发展的历史沿革。

> **能力目标**

(1)能背诵广为流传的茶诗。

(2)能描述茶画的作者和历史背景。

(3)能唱脍炙人口的茶歌。

> **素质目标**

感知中国传统文化的魅力。

≫ **学前自查**

你能说出不同类型的茶文学吗？	不能	能，_____	
你认为茶文学在生活中出现的形态是什么？	歌曲	舞蹈	其他，_____
你的家乡有茶歌吗？	有	没有	在别处听过
你的家乡有茶舞吗？	有	没有	在别处看过
你见过以茶为主题的画作吗？	没有	有，_____	
你见过以茶为主题的对联吗？	没有	有，_____	
你能背诵与茶相关的诗句吗？	不能	能，_____	
你能说出名著或小说里与茶有关的情节吗？	不能	能，_____	
你能列举爱喝茶的现代作家吗？	不能	能，_____	
你能以茶为主题创作歌曲吗？	不能	能，_____	

任务一　识记茶诗

≫ **任务引入**

古往今来,借茶抒情的文人雅士数不胜数。在品茶之余,文人雅士将茶入诗,对记载、传承和推动茶文化起到了不可忽视的作用。据统计,从晋的萌芽到唐宋的兴起,再到元明的发展,中国历代以茶为主题或内容涉及茶的诗歌有数千首,盛唐以后的中国著名诗人几乎全都留下了咏茶的诗篇。

一、《走笔谢孟谏仪寄新茶》节选　唐·卢仝

一碗喉吻润,两碗破孤闷。

三碗搜枯肠,唯有文字五千卷。

四碗发轻汗,平生不平事,尽向毛孔散。

五碗肌骨清,六碗通仙灵。

七碗吃不得也,唯觉两腋习习清风生。

卢仝,号玉川子。《七碗茶诗》是《走笔谢孟谏议寄新茶》中的第三部分,也是最精彩的部分。它写出了品饮新茶给人的美妙意境:一杯清茶,让诗人润喉、除烦、泼墨挥毫,并生出羽化成仙的心境。

二、《一字至七字诗·茶》 唐·元稹

茶

香叶,嫩芽。

慕诗客,爱僧家。

碾雕白玉,罗织红纱。

铫煎黄蕊色,碗转曲尘花。

夜后邀陪明月,晨前独对朝霞。

洗尽古今人不倦,将知醉后岂堪夸。

元稹,字微之,唐朝洛阳人。一字至七字诗,俗称宝塔诗,不仅形式特别,而且读起来朗朗上口。元稹的这首宝塔诗,先后表达了三层意思:一是从茶的本性说到人们对茶的喜爱;二是从茶的煎煮说到人们的饮茶习俗;三是就茶的功用说到茶能提神醒酒。

三、《饮茶歌诮崔石使君》 唐·皎然

越人遗我剡溪茗,采得金牙爨金鼎。

素瓷雪色缥沫香,何似诸仙琼蕊浆。

一饮涤昏寐,情来朗爽满天地。

再饮清我神,忽如飞雨洒轻尘。

三饮便得道,何须苦心破烦恼。

此物清高世莫知,世人饮酒多自欺。

愁看毕卓瓮间夜,笑向陶潜篱下时。

崔侯啜之意不已,狂歌一曲惊人耳。

孰知茶道全尔真,唯有丹丘得如此。

《饮茶歌诮崔石使君》是诗僧皎然同友人崔刺史共品越州茶时即兴之作,这首诗表达了两层意义。一是"三饮"之说,当代人品茶总会引用"一饮涤昏寐""再饮清我神""三饮便得道"的说法。"品"字由三个"口"组成,而品茶一杯须作三次,即一杯分三口品之。二是"茶道"来缘于此诗,意义非凡,茶叶出自中国,茶道亦出自中国。

四、《六羡歌》 唐·陆羽

不羡黄金罍,不羡白玉杯。

不羡朝入省,不羡暮入台。

千羡万羡西江水,曾向竟陵城下来。

陆羽(733—804年),唐朝复州竟陵(今湖北天门)人,字鸿渐、季疵,一名疾,号竟陵子。陆羽精于茶道,以著世界第一部茶叶专著《茶经》而闻名于世,被后人称为"茶圣"。这首《六羡歌》表明了陆羽的恬淡志趣和高风亮节,他不羡慕荣华富贵,心之所向的只有故乡的西江水。

五、《山泉煎茶有怀》 唐·白居易

坐酌泠泠水,看煎瑟瑟尘。

无由持一碗,寄与爱茶人。

白居易,唐代诗人,字乐天,号香山居士。在诗人的笔下,我们可以感受到他的品茗之趣。他终日与茶

相伴,早饮茶、午饮茶、夜饮茶、酒后索茶,有时食欲不佳,饭量大减,但是茶却不能少,"尽日一餐茶两碗,更无所要到明朝"。他不仅爱喝茶,还对煮茶的水有要求,偏爱用雪水煎煮的茶,所以写下了"吟咏霜毛句,闲尝雪水茶"。在诗人的心里,手端一碗茶哪里需要什么理由,只是要把这种饮茶的享受传递给爱茶友人。

六、《汲江煎茶》 宋·苏轼

活水还须活火烹,自临钓石取深清。

大瓢贮月归春瓮,小杓分江入夜瓶。

雪乳已翻煎处脚,松风忽作泻时声。

枯肠未易禁三碗,坐听荒城长短更。

苏轼,北宋著名文学家。这首诗的描写细腻生动,从汲水、舀水、煮茶、斟茶、喝茶到听更,全部过程仔细描述、绘声绘色。该诗表现了诗人通达从容的人生态度。

七、《品令·茶词》 宋·黄庭坚

凤舞团团饼。恨分破、教孤令。

金渠体净,只轮慢碾,玉尘光莹。

汤响松风,早减了、二分酒病。

味浓香永。醉乡路、成佳境。

恰如灯下,故人万里,归来对影。

口不能言,心下快活自省。

黄庭坚,北宋著名文学家、书法家。这首词的佳处,就是把日常生活中"心里虽有,而言下所无"的感受情趣,表达得十分新鲜具体,巧妙贴切,耐人品味。"恰如灯下,故人万里,归来对影。口不能言,心下快活自省"是这首词的出奇制胜之妙笔,耐人寻味。

八、《观采茶作歌》 清·乾隆

火前嫩,火后老,惟有骑火品最好。

西湖龙井旧擅名,适来试一观其道。

村男接踵下层椒,倾筐雀舌还鹰爪。

地炉文火续续添,乾釜柔风旋旋炒。

慢炒细焙有次第,辛苦工夫殊不少。

王肃酪奴惜不知,陆羽茶经太精讨。

我虽贡茗未求佳,防微犹恐开奇巧。

防微犹恐开奇巧,采茶竭览民艰晓。

乾隆皇帝,即清高宗爱新觉罗·弘历(1711—1799年),雍正十三年(1735年)即皇帝位,改号乾隆。传说乾隆下江南是奔着苏杭去的,到了杭州,自然要游西湖。既游西湖,品龙井茶那是免不了的事儿。公元1751年,即乾隆十六年,他第一次南巡到杭州,观看了茶叶的采制,作了《观采茶作歌》。

九、《三清茶》 清·乾隆

梅花色不妖,佛手香且洁。

松实味芳腴,三品殊清绝。

烹以折脚铛,沃之承筐雪。

火候辨鱼蟹,鼎烟迭生灭。

越瓯泼仙乳,毡庐适禅悦。

五蕴净大半,可悟不可说。

馥馥兜罗递,活活云浆澈。

偓佺遗可餐,林逋赏时别。

懒举赵州案,颇笑玉川谲。

寒宵听行漏,古月看悬玦。

软饱趁几馀,敲吟兴无竭。

三清茶以贡茶为主料,佐以清高幽香的梅花、清醇莹润的松子、清雅芳香的佛手,三样清品合称"三清"。乾隆皇帝很喜爱"三清茶"。古代皇帝在茶中加梅花、松子、佛手这三样清品,招待大臣,自有其宗教和政治意义。梅花寓一种精神,象征五福;松柏四季常青,凌寒不凋,寓意长寿;佛手谐意福寿。这三者都是古代文化中的吉祥物,同时又可入药,有滋补壮体的作用。因此,用"三清茶"敬奉宾客,寄托了人们对健康、富裕、美好生活的向往。现代人经过反复研究,推出了一套"宫廷三清茶茶艺"。

▶ 任务测评

一、单项选择题

1.《七碗茶诗》的作者是(　　)。

　A.苏轼　　　　　　　B.白居易　　　　　　C.卢仝　　　　　　D.陆游

2.被后人尊称为茶圣的是(　　)。

　A.陆羽　　　　　　　B.皎然　　　　　　　C.苏轼　　　　　　D.卢仝

3.(　　)代的千叟茶宴被视为宫廷茶艺。

　A.清　　　　　　　　B.明　　　　　　　　C.宋　　　　　　　D.唐

4.茶文化的三个主要社会功能是(　　)。

　A.修身、齐家、入仕　B.寡欲、清心、廉俭　C.雅致、敬客、行道　D.益思、明目、健身

5.清代文人茶艺的代表人物有:周高起、(　　)、张潮等。

　A.朱权　　　　　　　B.唐伯虎　　　　　　C.李渔　　　　　　D.文徵明

6.唐代怀素的(　　)是有关茶事的书法精品。

　A.《苦笋帖》　　　　B.《一夜帖》　　　　C.《精茶帖》　　　　D.《道林帖》

7."从来佳茗似佳人"是我国古代哪位著名诗人的诗句(　　)。

　A.李白　　　　　　　B.杜甫　　　　　　　C.苏轼　　　　　　D.李清照

8."不寄他人先寄我,应缘我是别茶人。"这句诗句的作者是(　　)。

　A.皎然　　　　　　　B.白居易　　　　　　C.卢仝　　　　　　D.元稹

9."精茗蕴香,借水而发,无水不可与论茶也"此论述出自(　　)。

　A.陆羽《茶经》　　　B.张源《茶录》　　　C.田艺蘅《煮泉小品》　D.许次纾《茶疏》

10.卢仝以七碗的方式描绘了饮茶从身体感受到精神升华的过程,其中描述"四碗"的是(　　)

　A.搜枯肠　　　　　　　　　　　　　　　B.发轻汗,平生不平事,尽向毛孔散

　C.破孤闷　　　　　　　　　　　　　　　D.通仙灵

11.皎然在《饮茶歌诮崔石使君》诗中提出自己的(　　)。

　A.茶艺观　　　　　　B.茶道观　　　　　　C.禅茶观

二、判断题

1.《走笔谢孟谏议寄新茶》的诗作者是徐黄。(　　)

2. 晋代左思的《娇女诗》是目前所知最早的茶诗。（ ）

3. 郑燮是明代写茶诗最多的一位诗人。（ ）

4. 宋代苏轼一生写了近百首茶诗词。（ ）

三、我国四大名著中都有与茶相关的描写。其中，《红楼梦》中有关茶文化的篇幅多、意蕴深远。作者曹雪芹将茶事描写得细腻生动，将茶的知识、茶的功能、茶的情趣都熔铸在这部书中，展示了一幅中国传统茶文化的美好图卷。

请你将《红楼梦》中与茶相关的情节摘录到下表中。

出　　处	出场人物	涉及的茶事	情 节 简 介
第＿＿回		六安茶	
第＿＿回		老君眉	
第＿＿回		杏仁茶	
第＿＿回		龙井茶	
第＿＿回		女儿茶	
第＿＿回		枫露茶	
第＿＿回		雨水煎茶	

四、近代以来，许多文学家也十分嗜茶，并将他们对茶的热爱写到了自己的文学作品中。请你将近代文学家关于饮茶、茶事场景的描写摘录到下表中。

作　　家	作　品	与茶相关的描述
鲁迅		
胡适		
冰心		
老舍		
梁实秋		
杨绛		

任务二　鉴赏茶画

》→ 任务引入

"文人七件宝，琴棋书画诗酒茶"。茶通六艺，是中国传统文化艺术的载体。茶与书画共同具有的清雅、质朴、自然的美学特征，是茶与书画千秋之缘的基础所在。一方面，画家及其作品对茶文化的宣传、对制茶技术的传播等起着积极的推动作用，另一方面，茶和饮茶艺术激发了书画家的创作激情，为丰富艺术的表现提供了物质和精神内容。

一、唐代茶画

《萧翼赚兰亭图》由唐代画家阎立本创作，原本已佚，现存三份宋代摹本，分别藏于北京故宫博物院、辽宁省博物馆和台北故宫博物院，其中辽宁省博物馆和台北故宫博物院藏本较为完整，北京故宫博物院藏本

相对简略。

　　台北故宫博物院藏本(见图2-1)描绘了古代僧人以茶待客的情景,画面中两主三从,辩才和尚端坐于一竹篾坐垫的靠背椅上,萧翼与其对坐于鼓形凳上,表情专注,身体前倾。左下角一位长者蹲坐在风炉前,左手执锅柄,右手持茶夹搅动茶汤,专注地备茶;一位童子弯腰站在长者侧边,双手捧着茶托、茶碗,小心翼翼地等待,准备奉茶。另外,在风炉边的茶几上放置有茶托、茶碗、茶碾、茶罐等用具。

图 2-1　《萧翼赚兰亭图》台北故宫博物院藏本

二、五代茶画

　　《韩熙载夜宴图》现存于北京故宫博物院,由顾闳中奉诏而画,如实再现了南唐大臣韩熙载夜宴宾客的情景。全图由"听乐、观舞、暂歇、清吹、散宴"五个段落组成,每段以屏风分隔但又浑然一体。

　　首段"听乐"充分表现了当时贵族们的夜生活重要内容——品茶听曲(见图2-2)。主人韩熙载与状元郎粲坐床榻上,正倾听教坊副使李家明之妹弹琵琶,旁坐其兄,在场听乐宾客还有紫微朱铣、太常博士陈致雍、门生舒雅诸人。画中茶壶、茶碗和茶点有序摆放在主人和宾客面前,状元郎粲的倾身细听动姿、李家明关注其妹的亲切目光、他人不由自主地合手拍掌都被刻画得栩栩如生。

图 2-2　《韩熙载夜宴图》(五代　顾闳中)(局部)

三、宋代茶画

　　《文会图》(见图2-3)现存于台北故宫博物院,由北宋赵佶所绘。北宋盛行品茶,宋徽宗赵佶爱茶,亲自

撰写《大观茶论》。他常在宫廷以茶宴请群臣、文人，有时兴致所至，还亲自动手烹茗、斗茶取乐。

《文会图》描绘了一个北宋时期文人雅士品茗雅集的场景，池畔庭院中垂柳修竹，在树下设一方黑色漆案，案上摆满餐具与果食。近处另有一群侍童在小桌上备茶，真实地再现了宋代的点茶场景。此外，案上摆的器具也多为赵佶《大观茶论》中所论及的茶器，具有很高的艺术欣赏和史料参考价值。

四、元代茶画

《陆羽烹茶图》（见图2-4）由元代画家赵原所做，现存于台北故宫博物院。画卷上绘有远山近水，临水有一处茅草阁，草阁四周丛树掩映；阁内一人坐于榻上，当为陆羽，身旁有一童子正在生火烹茶。

画卷右上方，作者自题"陆羽烹茶图"，并题诗一首：山中茅屋是谁家，兀坐闲吟到日斜。俗客不来山鸟散，呼童汲水煮新茶。中间落款"窥斑"的题诗是：睡起山斋渴思长，呼童剪茗涤枯肠。软尘落碾龙团绿，活水翻铛蟹眼黄。耳底雷鸣轻着韵，鼻端风过细闻香。一瓯洗得双瞳豁，饱玩茗溪云水乡。画卷右上角有乾隆御笔题咏：古弁先生茅屋闲，课僮煮茗雪云间。前溪不教浮烟艇，衡泌栖径绝住远。

图 2-3 《文会图》（北宋 赵佶）

图 2-4 《陆羽烹茶图》（元 赵原）

五、明代茶画

《惠山茶会图》（见图2-5）作于正德十三年（1518年），由明代画家文徵明创作，现藏于北京故宫博物院。

图 2-5 《惠山茶会图》（明 文徵明）

　　据蔡羽序记，正德十三年二月十九日，文徵明与好友蔡羽、王守、王宠、汤珍等人至无锡惠山游览，品茗饮茶，吟诗唱和，十分相得，事后便创作了这幅记事性作品。画面采用截取式构图，突出"茶会"场景，在一片松林中有座茅亭泉井，诸人冶游其间，或围井而坐，展卷吟咏，或散步林间，赏景交谈，或观看童子煮茶。同时，青山绿树、苍松翠柏的幽雅环境，与文人士子的茶会活动相映衬，也营造出情景交融的诗意氛围。

六、清代茶画

　　薛怀，清代著名书画家，号竹君，江苏淮安人，善画宜兴茶器。据传世书画看，薛怀所画宜兴茶器，皆阴阳相背，十分朗豁，极似现代素描画，深受人们喜爱。

　　薛怀所作《山窗清供图》（见图2-6）以线描勾勒大小茶壶和盖碗各一，线描之细似素描之作。画上自题五代诗人胡峤诗句："沾牙旧姓余甘氏，破睡当封不夜侯。"另有当时诗人、书家朱显渚题六言诗一首："洛下备罗案上，松陵兼列径中；总待新泉活火，相从栩栩清风。"茶具作为一种实用品，从器形到纹式、题跋倾注了好茶人对美的追求，因而又成为一种艺术品，受到画家、诗人的重视。因此，静物茶具在清代以后的绘画作品中时有出现。

图 2-6　《山窗清供图》（清　薛怀）

七、现代茶画

　　齐白石，中国近现代绘画大师。客来敬茶是中华民族的传统美德和民风美俗，也是齐白石待客的一贯礼节。《寒夜客来茶当酒》（见图2-7）中一枝墨梅插入陶罐中，一盏油灯旺盛燃烧，不远处一把茶壶和两个茶杯静静伫立。全画寓繁于简，引人入胜。油灯、瓶梅，寒夜有客至寒舍，活火现烹香茗甘泉，以茶当酒；品茶赏梅，促膝畅谈，倍感亲切。

图 2-7　《寒夜客来茶当酒》（齐白石）

实训安排

1.实训项目:茶画赏析。

2.实训要求:

(1)了解茶画的历史背景;

(2)了解茶画的作者和创作背景;

(3)能用简练而准确的语言对茶画进行鉴赏和评价。

3.实训时间:45分钟。

4.实训场所与工具:多媒体教室,要求能播放PPT,有完善的音响设备。

5.实训方法:视频与图片欣赏、小组讨论。

6.实训步骤:以小组为单位,选择一幅以茶为主题或与茶相关的画,要求理解这幅茶画的历史背景、作者和创作背景。

(1)学生3~6人为一组。

(2)通过博物馆实地考察、阅读书籍或浏览网络选择一幅茶画,要求是课本中未提及的茶画,也可以自行创作。

(3)小组成员充分讨论,在理解茶画的基础上,制作展示所用的PPT。

(4)挑选一名组员进行动态展示或讲解。

(5)以小组为单位展示,教师和其他小组进行考核、点评并记录在下表中。

序　号	茶画名称	作　者	创作时间	内容简介
1				
2				
3				
4				
5				

任务测评

一、单项选择题

1.以下哪一幅是阎立本创作的茶画?(　　　)

A.《调琴啜茗图》　　　　　　　　B.《事茗图》

C.《文会图》　　　　　　　　　　D.《萧翼赚兰亭图》

2.中国士大夫、文人画家,以茶会友,以茶论文,以茶抒怀,茶与墨早已结下了不解之缘。"茶墨俱香"的典故与下列哪位文人有关?(　　　)

A.唐寅　　　　　B.赵孟頫　　　　　C.文徵明　　　　　D.苏轼

二、多项选择题

1.以下哪些作品是出自唐寅之手?(　　　)

A.《事茗图》　　　　B.《品茶图》　　　　C.《琴士图》　　　　D.《文会图》

2.以下哪些茶图描绘了宫廷贵族饮茶的场面?(　　　)

A.《文会图》　　　　B.《明皇合乐图》　　　　C.《宫乐图》　　　　D.《事茗图》

3.茶文化包括(　　　)。

A.茶饮　　　　　B.茶艺　　　　　C.种茶　　　　　D.茶道

4.茶能修身养性,晚唐刘贞亮曾总结了《茶十德》,以下哪些是"茶十德"中所提及的?(　　)

A.以茶除病气　　　　B.以茶示歉意　　　　C.以茶利礼仁　　　　D.以茶可行道

三、判断题

1.茶文化三个主要社会功能是雅志、敬客、行道。(　　　)

2.茶室四宝是杯、盏、壶、茶。(　　　)

3.明代以后,茶挂中内容的主要含义有茶品、价码、泡艺。(　　　)

4.文人茶艺活动的主要内容有诗词歌赋、琴棋书画、清言对话。(　　　)

四、填空题

1.《萧翼赚兰亭图》记载了古代僧人_____的史实。

2.刘松年《茗园赌市图》再现了宋代民间品茶情景和_____的习俗。

任务三　欣赏茶歌舞

 任务引入

　　茶歌舞与茶诗、茶画都是茶文化的组成部分,它们出现于我国茶叶生产和饮用在社会上普及之后。唐代诗人杜牧在《题茶山》中就有"舞袖岚侵涧,歌声谷答回"的描述。我国产茶区域分布广泛,在茶乡有"手采茶叶口唱歌,一筐茶叶一筐歌"的说法。我国茶区的劳动人民历来能歌善舞,特别在采茶时节,茶区几乎随处可见尽情歌唱、随歌起舞的场景。

一、茶歌

1.《采茶扑蝶》

　　《采茶扑蝶》原名《采茶灯》,起源于龙岩市新罗区苏坂乡美山村,民间流传迄今有两百多年历史。早期的《采茶灯》,融说唱、舞蹈、戏曲为一体,从音乐、舞蹈到服饰都保留了古中原的遗风。据福建龙岩《采茶灯》传承人黄淑霞介绍:灯与龙岩话添丁的丁同音,寓意添丁发财、人口兴旺,因此《采茶灯》是一种被人们视为吉祥的舞蹈,多在新年、庙会、喜宴期间表演。

　　1952年,福建龙岩著名民间表演艺术家温七九将《采茶灯》的原创曲目改编成龙岩人民喜闻乐见的民间歌舞《采茶扑蝶》。这支歌舞从地方演到中央,还走出了国门,1953年荣获第四届国际和平友谊青年联欢银奖;1981年被联合国教科文组织确定为世界名曲,并把原始曲谱作为联合国教科文组织"口头文化遗产"永久保留;2014年入选国务院发布的"第四批国家级非物质文化遗产代表性项目名录"。

2.《六口茶》

　　《六口茶》是湖北恩施土家族的地方民歌,在湖北土苗山寨世代流传,蕴含着"亲切欢迎,友谊长存"之意。远道慕名而来的游客,喝完六口茶,也就成了无话不说的朋友。《六口茶》曲调浓香醇醇,似娇音缠绵;香甜不腻,似情人香吻;清爽神怡,似弦歌绕梁。

　　随着时间推移,《六口茶》的内涵已经远远超过了单纯品饮茶水,它已经融入了茶文化,有了情感的升华,表达了土家族青年追求爱情和美好生活的向往。

3.《茶香中国》

　　歌曲《茶香中国》,由曲波作词、姚晓强作曲,歌名别开生面,画龙点睛。将"茶香"和"中国"排列在一起,

既有悠久的历史感,又有强烈的时代感。

《茶香中国》匠心独运,将盛世中国浸泡在浓郁的茶香中。第一段歌词,写了一个幸福、美满的家庭,"我家客人多,客来心肠热。不分你我一壶茶,茶香醉心窝。茶清情意浓,思恋有寄托。情伴人走茶不凉,有空来做客……茶香醉中国。香了爷爷醉婆婆,香了阿妹醉阿哥。好茶冲泡的好日子,优优雅雅笑着过。"歌词将爷爷、婆婆、阿妹、阿哥品茶如醉的情态描绘得富有个性,活灵活现。

第二段歌词延伸到一个天时地利人和的和谐中国:"我家朋友多,和颜又悦色。悠然自得多快乐,神仙羡你我。茶缘结知音,四季请茶歌。好茶飘溢好心情,茶香醉中国……香了三山醉五岳,香了湖海醉江河。好茶香醉的好中国,好中国安康更祥和。"由点到面,歌词层次分明,节奏活泼,绘声绘色地勾勒出一幅建设中国特色社会主义的壮丽画卷。

二、茶舞

《印象大红袍》是以世界双文化遗产胜地武夷山为地域背景,以武夷茶文化为表现主题的大型山水实景演出。由著名导演张艺谋、王潮歌、樊跃共同组成的"印象铁三角"领衔,继《印象刘三姐》《印象丽江》《印象西湖》《印象海南岛》后创作的第五个印象作品。作品巧妙地把自然景观、茶文化及民俗文化融入一场山水实景演出中,集武夷自然山水、武夷茶文化及中国精英艺术家创作于一体,整场演出华丽璀璨、包罗万象。同时,剧场的地理位置也是得天独厚,位于武夷山国家旅游度假区武夷茶博园西南角、崇阳溪东侧河岸,背倚绮丽的武夷山水。站在此处,秀美山水遥遥在望,茶魁大红袍的香气缭绕于心,以山水为伴,尽享视听盛宴。

三、茶操

《五峰茶韵》是由湖北省五峰职教中心领衔创作的民族健身茶操,集文化、艺术、体育锻炼于一身,是茶教育与茶产业、茶旅游、茶文化、土家文化融合创新发展的教育教研成果,属全国首创。

➢➢ 实训安排

1. 实训项目:茶歌舞赏析。

2. 实训要求:

(1)了解茶歌舞的历史背景;

(2)了解茶歌舞的作者和创作背景;

(3)能用简练而准确的语言对茶歌舞进行鉴赏和评价。

3. 实训时间:45分钟。

4. 实训场所与工具:多媒体教室,要求能播放PPT,有完善的音响设备。

5. 实训方法:视频与图片欣赏、小组讨论。

6. 实训步骤:以小组为单位,收集一首茶歌或一曲茶舞,要求理解茶歌舞的历史背景、作者和创作背景。

(1)学生3~6人为一组。

(2)通过实地考察、阅读书籍或浏览网络选择一首茶歌、茶舞或是以茶为主题的戏剧演出,要求是课本中未提及的,也可以自行创作。

(3)小组成员充分讨论,并制作展示所用的PPT。

(4)挑选一名组员进行动态展示或讲解。

(5)以小组为单位展示,教师和其他小组进行考核、点评并记录在下表中。

序　号	茶歌/舞名称	作　者	创作时间	内容简介
1				
2				
3				
4				
5				

任务测评

一、单项选择题

1.采茶舞是广泛流行于我国(　　)的民间歌舞形式。

A.西部　　　　　　　　B.北方　　　　　　　　C.南方　　　　　　　　D.东北

2.晋代杜育的《荈赋》中,呈现了相当完整的(　　)要素。

A.种茶制茶　　　　　　B.采茶技艺　　　　　　C.品茶艺术

3.苏东坡《叶嘉传》一文刻画了"叶嘉"怎样的品德?(　　)

A.淡雅清高　　　　　　B.滑稽有趣　　　　　　C.郁郁不得志

4."吃茶"是中国民俗(　　)的习惯用语。

A.待客茶语　　　　　　B.祭祀敬茶　　　　　　C.婚姻茶礼

二、填空题

1.唐代仅存的一篇歌咏茶宴茶会的文章是＿＿＿＿的《三月三日茶宴序》。

2.现存最早的记叙茶事的佛门手札是＿＿＿＿的《苦笋帖》。

3.茶联是专指以＿＿＿＿为题材的对联。

三、判断题

1.宋代苏轼《叶嘉传》被誉为"千古绝唱"。(　　)

2.《煮茶梦记》一文的作者是明代的杨维桢。(　　)

任务四　了解茶电影

任务引入

在移动互联网时代,电视、电脑、手机等电子设备已经普及,人类文明已经进入了一个电子读图时代。纪录片正以前所未有的图像力量,成为传播文化的新力量。

在混沌未开的远古,古人认识世界的原初方式就是图像,那些刻在或绘在岩洞里、山壁间、石头上的图案,记录、传播、保存了先民的生活信息,依然是今天的我们认识远古人类的有效资源。今天,与其他的传播形式和手段相比,纪录片这种"视觉语言"能够超越民族语言文字的障碍,畅通无阻地被全人类所理解。

一、《茶界中国》

《茶界中国》由江苏卫视、北京天润农影视文化传播有限公司联合制作出品。该片共10集,分别为:口感的追随、古树与新芽、技艺的坚守、时间在奔跑、人间生草木、根脉的传承、田野的约定、杯水的相遇、世界中流转、时尚在召唤,每集35分钟,于2017年8月4日在江苏卫视首轮播出,同时在爱奇艺、腾讯、优酷等网站同步首播。

这部纪录片的创作初衷是让茶回归饮品的本质属性,深入茶叶的原产地进行探寻,重塑大众对茶的认知,用影像讲述茶叶的故事,向观众讲述中国茶叶这一传承千年的古老事物在当下的发展现状、茶叶中所蕴含的悠久的中华文明以及中国茶叶对全世界的深远影响,收获了良好口碑。

《茶界中国》摄制组历时三年,行程三十万公里,拍摄历经中国十一个省、市、自治区;寻中华茶脉,求匠心之道。该团队第一次深度走访中国茶叶最具代表性的产地,奔赴海内外,走访到日本、英国、肯尼亚等茶叶产地,拍摄近百位茶人,从全新的角度来解读茶叶,探寻茶叶最正宗的口感,为茶正本清源,展示中国的文化自信。

二、《影响世界的中国植物》

《影响世界的中国植物》是由北京世园局发起拍摄、北京木子合成影视文化传媒有限公司制作,李成才、周叶执导的中国第一部植物类纪录片。该纪录片共分植物天堂、水稻、水果、茶树、竹子、桑树、大豆、本草、园林、花开10集,每集50分钟,呈现了21科28种植物的生命旅程,并讲述它们影响世界的故事。该片于2019年9月13日在中央电视台纪录频道首播。

其中《茶树》一集全长50分16秒,镜头追寻茶树的生命源头,记录从喜马拉雅山脉到四川蒙顶山再到印度大吉岭,茶树在世界各地不同气候里顽强生长;从自然生长到人工栽培,茶树改变着产业结构;从中国到英国、日本、印度,茶树影响着世界的经济。

三、《茶,一片树叶的故事》

《茶,一片树叶的故事》是中央电视台纪录频道于2013年11月18日推出的一部原创纪录片,也是中国首部全面探寻世界茶文化的纪录片,由王冲霄执导,罗明担任总监制,方亮担任总解说员。

该片一共分为六个篇幅:"土地和手掌的温度"、"路的尽头"、"烧水煮茶的事"、"他乡,故乡"、"时间为茶而停下"以及"一碗茶汤见人情",分别从茶的种类、历史、传播、制作等角度完整地呈现了茶的故事。

四、《茶叶之路》

由中央电视台科教频道、中视传媒股份有限公司、蒙古国茶叶之路发展基金会、俄罗斯"伟大茶叶之路"非商业伙伴协会录制的大型媒体行动——茶叶之路,于2012年7月6日在中国茶乡福建省武夷山市举办了隆重的发车仪式。首次以重走"茶叶之路"的方式,并以汽车作为行动载体,招募了中、俄、蒙三国的体验者各一名,以他们的视角去探索"茶叶之路"上的历史遗迹和与茶有关的故事。2012年7月9日《茶叶之路》行进版在中央电视台科教频道播出,共91集,每集时长10分钟,播出后获得观众好评。

纪录片版的《茶叶之路》由中央电视台纪录片频道播出,共分为八集,在节目制作上采用了航拍、手绘动画、情景再现等手段。每集片长50分钟,每集从一个具体的历史事件或人物故事引入,进而展开一个宏大的历史画卷。以"茶叶之路"的兴衰历程为线索,讲述中俄两国对于这条重要商道的不同看法,以及隐藏在茶叶贸易之下两个大国之间的历史命运转折。

五、《一叶茶　千夜话》

《一叶茶　千夜话》由咪咕视频与BBC Studios携手打造,以"深情茗记""茶艺乾坤""仙芽之魂""茶传天涯""绿色黄金""茶香无界"六个主题,向观众全方位呈现茶文化在中国乃至全球文明进程中所扮演的重要角色和产生的深远影响。

《一叶茶 千夜话》耗时三年拍摄完成,拍摄地遍布六大洲的十三个国家和地区。在六集节目中,摄制团队一共讲述了三十个别具一格的茶故事,其中大多以中国为背景,也展现了自中华大地传播至海外的文化习俗以及其他一些国家的茶话趣事。

任务测评

一、单项选择题

1."武夷岩茶"产于(　　　)。

A.广东省　　　　　　　　　　　　　　B.福建省

C.广西壮族自治区　　　　　　　　　　D.台湾地区

2.逢年过节、结婚喜庆、宾客来访饮用(　　)是白族人必不可少的礼仪。

A.九道茶　　　　　　B.三道茶　　　　　　C.竹筒茶

3.茶文化的广义含义是(　　　)。

A. 茶叶的物质与精神财富的总和　　　　B. 茶叶的物质及经济价值关系

C.茶叶艺术　　　　　　　　　　　　　D.茶叶经销

4.古人所言"文人七件宝"是指(　　　)。

A.笔墨纸砚琴棋书　　　　　　　　　　B.礼乐射驭书数茶

C.琴棋书画诗酒茶　　　　　　　　　　D.琴棋书画诗乐茶

5.中国茶道以(　　　)为最高境界。

A."敬"　　　　　B."和"　　　　　C."静"　　　　　D."真"

二、多项选择题

1.中国茶道强调"道法自然",包含了(　　　)三个层面。

A.物质　　　　　　B.艺术　　　　　C.行为　　　　D.精神

2.中唐时期茶道出世之因包括(　　　)。

A.社会繁荣富强,百业俱兴　　　　　　B.陆羽的个人成长经历

C.茶叶生产普遍,消费增长　　　　　　D.达官贵人对茶叶的喜爱

3.中国茶主要是通过哪几种方式传播到世界各地的?(　　　　)

A.列强发动侵略战争掠夺资源

B.来自朝鲜半岛、日本的学者和僧侣在中国访学结束后带回了茶与茶文化

C.朝廷、官府把茶作为高级礼品赏赐或馈赠给来访的周边国家使节

D.通过茶叶贸易输往世界各地

4.在杜育的《荈赋》中提及了以下哪些品茗艺术要素?(　　　　)

A.茗茶　　　　　B.水品　　　　　C.炭火　　　　　D.茶器

5.以下哪些句子体现了对"和谐"思想的推崇?(　　　　)

A."疑山川至灵之卉,天地始和之气"　　B."水火相济味最美"

C."中和似此茗,受水不易节"　　　　　D."风味恬淡,清白可爱"

三、判断题

1.茶道涉及艺术、道德、哲学、宗教等各个方面。(　　　　)

2.安溪铁观音主要产于福建安溪县,西坪镇是安溪铁观音的发源地。(　　)

3.日本茶道的历史是随着中国茶道历史的发展而发展的。(　　)

4.中国人因茶相交,以茶相敬,以茶示礼,以茶联姻……各种饮茶礼仪无一不折射出"和乐"文化的价值与内涵。(　　)

5."吴门四家"中,唐伯虎琴棋书画诗酒茶无一不好、无一不精,尤其以绘画、诗歌和书法的成就十分突出,人称其诗书画"三绝"。(　　)

项目三
辨识茶之类

鲜为人知的茶教育

著名教育家陶行知在推广生活即教育时,在晓庄师范有过一段鲜为人知的茶实践。

学校所在地有一片茶园,陶行知改造后命名为"中心茶园",之后"中心茶园展览"便成为学校的重要活动,列入晓庄师范的二十六项重要事务之中。中心茶园里设有书报、棋牌,为师生,也为当地农民服务,有点儿像今天的社区茶馆,陶行知担任指导。

在中心茶园,陶行知写了一副流传至今的对联:"嘻嘻哈哈喝茶,叽叽咕咕谈心"。在当时,那里经常出现的情景是,西装革履的访客对面坐着一位蓑衣斗笠的农夫;弹琴人不远处,正有好多牛马竖着耳朵听。

老百姓在家喝茶,都是独自行为,把农民与学生集中在一起喝茶,就不一样了。晚饭后,茶会锣鼓声一响,农夫、学生、老师四面八方汇集到茶园,学生教农民识字,农民教学生生产知识。来这里喝茶的庄稼人,把自己的务农调子哼出来,陶行知稍微整理,就变成了校歌。陶行知爱喝茶,也喜欢用茶来喻物。他要求解放儿童的时间时说:"现在一般学校把儿童的时间排得太紧,一个茶杯要有空位方可盛水。"

陶行知很看好茶园的教育意义,多次提及茶园对学生教育的影响。

> **知识目标**

(1)了解茶叶的分类方法,认识六大基本茶类和再加工茶类。

(2)了解各类茶叶的制作工艺。

(3)了解中国名茶的基本特点及其分类。

> **能力目标**

(1)会熟练地辨认茶叶的种类。

(2)能流利地讲解中国名茶的种属、产地及品质特征。

> **素质目标**

通过学习不同茶类,感知中华民族劳动人民的智慧结晶。

→ ┃学前自查┃

请列举你在知道的茶叶种类。			
你的家乡有茶厂吗?	有	没有	在别处见过
你能说出中国的产茶大省吗?	不能	能,_____	
你会辨认茶叶吗?	会	不会	仅认识____
在购买茶叶时,你会考虑什么?	价格	品牌	其他,____
你有喝茶的习惯吗?	不能	1种,____	更多,____
你能说出喝茶的好处吗?	不能	能,_____	
请说说储存茶叶的方法。	冰箱	铁盒	其他,____

任务一　了解茶叶分类

»→ ┃任务引入┃

陆羽在《茶经》中记载了我国早期的制茶方法:"采之、蒸之、捣之、拍之、焙之、穿之、封之,茶之干矣。"到了宋代饼茶的制作技艺已登峰造极,成为贡茶的龙团凤饼花纹繁复、做工精巧。元太祖罢造龙团后,散茶成了主角。

随着茶叶制作工艺的不断改良和完善,我国形成了丰富的茶叶种类,茶叶品种为世界之最,俗话说:"茶叶喝到老,茶名记不了。"

由于茶叶制作工艺的不同,造成茶叶中所含化学物质发生的变化不同,从而使茶叶产生了明显不同的色、香、味。根据不同的制法和品质特征,我们将基本茶类分为六大类型,即绿茶、红茶、青茶、黄茶、白茶、黑茶;将以基本茶类为原料进行再加工制成的茶称为再加工茶。

一、绿茶

绿茶是不发酵茶,是我国产量和消费量最多的茶类,产区遍及各个产茶省。

品质特征:"清汤绿叶",俗称三绿,即干茶绿、茶汤绿、叶底绿。

制作工艺:鲜叶—摊凉—杀青—揉捻—干燥。

保健功效:提神醒脑、消炎杀菌、明目清肝、防辐射等;绿茶性偏寒凉,可降火、消暑解渴,但对肠胃刺激

性较大,所以老人和脾胃虚寒者要慎饮。

储存要点:避光、干燥、密封、低温、无异味。

绿茶的关键工艺是杀青,杀青对绿茶的品质起到了决定性的作用。首先,杀青能通过高温破坏鲜叶酶的活性,制止多酚类物质氧化,从而防止叶子变红,保持茶叶的绿色特征;其次,杀青能蒸发掉鲜叶中的水分,使茶叶变得柔软,方便下一步揉捻做形;最后,杀青能将鲜叶中低沸点的芳香物质(如青草气)挥发,从而使茶叶的香气更加高爽。

杀青适度的茶叶呈现暗绿色,无红叶红梗;叶片柔软,微微黏手,折而不断;可紧握成团,略带茶香。目前运用较广泛的杀青方式有:锅式杀青、滚筒杀青、蒸汽杀青和微波杀青。

由于杀青和干燥方法的不同,绿茶分为四类:蒸青绿茶、炒青绿茶、烘青绿茶和晒青绿茶。

1. 蒸青绿茶

蒸青绿茶始于中国唐朝,蒸青工艺在唐朝被日本遣唐使传入日本,并沿用至今。我国自明代改为锅炒杀青,目前湖北省历史名茶"恩施玉露"仍保留蒸青工艺。

蒸青绿茶的品质特征:干茶呈条形,色泽深绿,茶汤浅绿明亮,叶底青绿,香气鲜爽,滋味甘醇。

2. 炒青绿茶

炒青绿茶始于中国明代,因干燥方式为炒干而得名。炒青绿茶的成品外形各异,是在炒干过程中用不同造形手法制成的,根据外形可分为:长炒青,精制加工后也称"眉茶",主要用于外销;圆炒青,即"珠茶",是浙江的特产;细嫩炒青,又称特种绿茶,详见表3-1。

表 3-1　炒青绿茶的分类

分　类	品 质 特 征	代 表 品 种
长炒青	条索紧结、色泽绿润、滋味鲜浓、栗香居多	珍眉、秀眉、贡熙等
圆炒青	浑圆紧结、香高味浓、耐冲泡	珠茶、雨茶等
细嫩炒青	特种绿茶,各有独特之处	龙井、碧螺春等

3. 烘青绿茶

烘青绿茶因干燥方式得名,简称烘青,分为普通烘青和细嫩烘青。其中,普通烘青常用来窨制花茶;细嫩烘青直接饮用,如黄山毛峰、太平猴魁等。

烘青绿茶的品质特征:条索细紧,显峰毫;色泽深绿油润,细嫩者茸毛特多,香气呈嫩香或清香,滋味鲜醇;汤色清澈明亮;叶底匀整,嫩绿明亮。

4. 晒青绿茶

晒青绿茶的主产区为云南、四川、湖北、广西、陕西等。大部分晒青茶的原料粗老,多为紧压茶的原材料,如青砖、茯砖、沱茶、普洱饼茶等。

晒青绿茶中,质量以云南大叶种所制的滇青为最好。滇青茶的品质特点:条索粗壮肥硕,有白毫,色泽深绿油润,香味浓醇,富有收敛性,耐冲泡,汤色黄绿明亮,叶底肥厚。

 实训安排

1. 实训项目:认识绿茶。

2. 实训要求:

(1)熟练掌握绿茶的分类;

(2)了解绿茶的制作工艺;

(3)掌握绿茶的品质特征;

（4）能识别并比较西湖龙井、洞庭碧螺春、恩施玉露、信阳毛尖、黄山毛峰、太平猴魁、六安瓜片、安吉白茶等八种绿茶的品质特征。

3.实训时间：45分钟。

4.实训场所与工具：

（1）能进行茶叶鉴别的茶艺实训室；

（2）玻璃杯、随手泡、茶荷、滤网、公道杯、茶称、叶底盘、计时器、白瓷碗、汤匙、茶巾；

（3）西湖龙井、洞庭碧螺春、恩施玉露、信阳毛尖、黄山毛峰、太平猴魁、六安瓜片、安吉白茶各50克。

5.实训方法：教师示范、分组品鉴、小组讨论。

6.实训步骤：

（1）教师讲解绿茶的品质特征并示范茶叶鉴赏的基本方法；

（2）学生分组练习鉴赏绿茶；

（3）学生填写下列实训报告。

茶叶名称	外 形	香 气	汤 色	滋 味	叶 底	茶 类
西湖龙井						
洞庭碧螺春						
恩施玉露						
信阳毛尖						
黄山毛峰						
太平猴魁						
六安瓜片						
安吉白茶						

二、红茶

红茶是全发酵茶。在国际市场上，红茶的贸易量位于世界茶叶贸易总量之首。全世界生产红茶的国家有40多个，主要产茶国有中国、印度、斯里兰卡、肯尼亚等。最早出现红茶的国家是中国。

品质特征：红汤红叶。

制作工艺：鲜叶—萎凋—揉捻/揉切—发酵—干燥。

保健功效：茶性温和，对肠胃刺激性较小；抗衰老、护肤美容。

储存要点：避光、干燥、密封。

红茶的关键工艺是发酵。鲜叶经过萎凋和揉捻后，细胞组织被大量破碎，多酚氧化酶和多酚类物质接触并产生氧化、聚合、缩合等一系列变化，形成了有色物质，如茶黄素、茶红素、茶褐素等，从而形成红汤红叶的品质特征。

其实在红茶制作过程中，从揉捻开始，发酵就已经在进行了。通过控制发酵程度，可以使茶叶呈现出不同的色、香、味，发酵过度会导致酸馊味，发酵不足则导致香气不纯，带有草青气。故而在制茶过程中，要结合发酵叶的香气、色泽的变化以及发酵时间的长短来综合判断发酵是否适度。

根据红茶的制作工艺和品质特征，可以分为三类：小种红茶、工夫红茶和红碎茶。

1. 小种红茶

小种红茶是世界红茶的鼻祖，它是中国福建省特有的条形红茶，制法特殊，传统的小种红茶采用松材明火来进行加温萎凋和干燥，因此小种红茶带有独特的松烟香。

根据产地不同，小种红茶有正山小种和外山小种之分。正山小种产自福建省武夷山国家级自然保护区的核心地带星村镇桐木关;外山小种产于武夷山之外。

正山小种红茶的品质特点:外形乌润有光,条索粗壮;香气高长,微带松烟香;汤色呈糖浆状的深金黄色,滋味浓而爽口,活泼甘醇,似桂圆汤味;叶底厚实呈古铜色,俗称"松烟香,桂圆汤"。

2. 工夫红茶

工夫红茶是我国传统特有品种,因其制作工序颇费工夫、且品质要求较高而得名。工夫红茶的产地分布广,品类多,著名的工夫红茶有祁红、滇红、英红、宜红、宁红、川红等,详见表3-2。

表 3-2　工夫红茶的代表品种

名　称	产　地	茶树品种	品质特征	图片示例
祁红	安徽祁门	中小叶种工夫红茶	条索细秀,锋苗良好,色泽乌润; 香气似糖似果似蜜,被誉为"祁门香"; 汤色红亮,滋味醇和回甘; 叶底红匀细软	
滇红	云南凤庆	大叶种工夫红茶	条索肥壮,紧结重实,金毫特多; 香气高鲜,花果香; 汤色红艳明亮带金圈,滋味浓厚刺激; 叶底肥厚,红匀明亮	
英红	广东英德	广东大叶种	条索紧结重实,色泽乌润,金毫显露; 香气甜香高长; 汤色红亮,滋味醇厚; 叶底红亮	
宜红	湖北宜昌、恩施	中小叶种工夫红茶	条索细紧带金毫,色泽乌润; 香气甜香高长; 汤色红亮,滋味浓郁; 叶底红亮	
宁红	江西修水	中小叶种工夫红茶	条索紧结,锋苗修长,色泽乌润; 香气甜香高长; 汤色红亮,滋味甜醇; 叶底红亮	

名　称	产　地	茶树品种	品 质 特 征	图 片 示 例
川红	四川	中小叶种 工夫红茶	紧结壮实,有锋苗,多毫,色泽乌润; 香气鲜,带橘子香; 汤色红亮,滋味鲜醇爽口; 叶底红明匀整	

3. 红碎茶

红碎茶是加工时经揉切制成的颗粒形红茶,始创于 1880 年前后,但发展很快,现已占世界红茶产销总量的 95% 以上。因经过揉切,细胞破碎率高,红碎茶在冲泡时茶汁浸出快,浸出量大,适宜于一次性冲泡后加糖、加奶饮用,是袋泡茶的主要原料。

红碎茶香气高锐持久,滋味浓强鲜爽。因产地品种不同,品质特征也有很大差异。印度、斯里兰卡是红碎茶的主产国。

 实训安排

1. 实训项目:认识红茶。

2. 实训要求:

(1)熟练掌握红茶的分类;

(2)了解红茶的制作工艺;

(3)掌握红茶的品质特征;

(4)能识别并比较正山小种、祁门红茶、英德红茶、宜红工夫、滇红工夫、坦洋工夫、红碎茶等七种红茶的品质特征。

3. 实训时间:45 分钟。

4. 实训场所与工具:

(1)能进行茶叶鉴别的茶艺实训室;

(2)玻璃杯、随手泡、茶荷、滤网、公道杯、茶称、叶底盘、计时器、白瓷碗、汤匙、茶巾;

(3)正山小种、祁门红茶、英德红茶、宜红工夫、滇红工夫、坦洋工夫、红碎茶各 50 克。

5. 实训方法:教师示范、分组品鉴、小组讨论。

6. 实训步骤:

(1)教师讲解红茶的品质特征并示范茶叶鉴赏的基本方法;

(2)学生分组练习鉴赏红茶;

(3)学生填写下列实训报告。

茶叶名称	外　形	香　气	汤　色	滋　味	叶　底	茶　类
正山小种						
祁门红茶						
英德红茶						
宜红工夫						
滇红工夫						
坦洋工夫						
红碎茶						

三、青茶

青茶,又叫乌龙茶,是半发酵茶,发酵程度介于绿茶和红茶之间。主要产于福建、广东和台湾三省。

品质特征:青茶的叶片中间呈绿色,叶缘呈红色,即"绿叶红镶边"。

制作工艺:鲜叶—萎凋—做青—炒青—揉捻—干燥。

保健功效:美容养颜、排毒利便、防癌症、降血脂、抗衰老。

储存要点:避光、干燥、无异味。

青茶的鲜叶采摘标准有别于其他茶类,要求鲜叶有一定成熟度,芽叶完全展开、形成驻芽后,采对夹两、三叶与一芽三、四叶,俗称"开面采"。

青茶的关键工艺是做青,这也是青茶独有的工艺。做青可细分为摇青和晾青两个步骤。摇青就是让萎凋的鲜叶与筛子或摇青机内壁进行摩擦、碰撞,叶片边缘破损,从而使叶缘细胞发生酶促反应,形成红边。摇青后,静置一段时间,称为晾青。摇青和晾青反复交替进行,就形成了青茶香气浓郁、滋味醇厚的品质特征。

青茶因产地不同,可以分为四类:闽北乌龙、闽南乌龙、广东乌龙和台湾乌龙,详见表 3-3。

表 3-3　青茶的分类

分　类	代表品种	品质特征	图片示例
闽北乌龙	大红袍、铁罗汉、白鸡冠、水金龟	条形,紧结壮实,色泽乌润; 香气浓郁清长,岩骨花香; 汤色橙红清澈,滋味醇厚; 叶底软亮	
闽南乌龙	安溪铁观音、黄金桂、白芽奇兰、永春佛手	颗粒形,圆结重实,色泽砂绿油润; 香气馥郁; 汤色蜜绿清澈,滋味醇厚; 叶底软亮匀齐	
广东乌龙	凤凰单丛、凤凰水仙	条索形,紧结壮实,色泽黄褐油润,如鳝鱼皮,油润有光; 香气浓郁持久,花蜜香; 滋味浓厚爽滑,耐冲泡; 叶底黄亮	

续表

分　类	代表品种	品 质 特 征	图 片 示 例
台湾乌龙	轻发酵 / 文山包种	条形,色泽墨绿油润; 香气清新持久有自然花香; 汤色蜜绿,滋味清爽	
	中发酵 / 冻顶乌龙、金萱茶、梨山乌龙	半球形,颗粒重实匀整,墨绿油润; 清香明显,带花果香; 汤色金黄透亮,滋味醇厚甘润	
	重发酵 / 东方美人(白毫乌龙)	朵形,白毫显露,色泽红、黄、白、绿、褐五色相间; 蜜糖香、熟果香; 汤呈琥珀色,滋味醇厚,回甘深远	

 **实训安排**

1. 实训项目:认识青茶。

2. 实训要求:

(1)熟练掌握青茶的分类;

(2)了解青茶的制作工艺;

(3)掌握青茶的品质特征;

(4)能识别并比较安溪铁观音、大红袍、肉桂、水仙、凤凰单丛、冻顶乌龙等六种青茶的品质特征。

3. 实训时间:45 分钟。

4. 实训场所与工具:

(1)能进行茶叶鉴别的茶艺实训室;

(2)玻璃杯、随手泡、茶荷、滤网、公道杯、茶称、叶底盘、计时器、白瓷碗、汤匙、茶巾;

(3)安溪铁观音、大红袍、肉桂、水仙、凤凰单丛、冻顶乌龙各 50 克。

5. 实训方法:教师示范、分组品鉴、小组讨论。

6. 实训步骤:

(1)教师讲解青茶的品质特征并示范茶叶鉴赏的基本方法;

(2)学生分组练习鉴赏青茶;

(3)学生填写下列实训报告。

茶叶名称	外　形	香　气	汤　色	滋　味	叶　底	茶　类
安溪铁观音						
大红袍						
肉桂						
水仙						
凤凰单丛						
冻顶乌龙						

四、黄茶

黄茶是轻发酵茶,制法与绿茶基本相同。产区主要分布在四川、安徽、湖北、浙江。

品质特征:黄汤黄叶。

制作工艺:鲜叶—杀青—揉捻—闷黄—干燥。

保健功效:清热下火、消食解腻、抗癌抗辐射。

储存要点:避光、干燥、无异味。

黄茶的关键工艺是闷黄,也是形成黄茶品质特征的关键步骤。将杀青后的叶片趁热堆积,促使叶片在湿热条件下发生热化学变化,最终使叶片均匀黄变。

闷黄有干坯闷黄和湿坯闷黄两种,根据黄茶种类的差异,选取恰当的闷黄工艺。一般来说,黄芽茶、黄小茶采用湿坯闷黄,黄大茶采用干坯闷黄。闷黄是黄茶形成黄汤黄叶的主要原因,想保证品质,必须从时间、温度和湿度等方面掌握恰当的闷黄程度。

根据鲜叶采摘的细嫩程度,黄茶可以分为三类:黄芽茶、黄小茶和黄大茶,详见表3-4。

表 3-4　黄茶的分类

分　类	代表品种	品质特征	图片示例
黄芽茶	君山银针、蒙顶黄芽	肥嫩多毫,色泽金黄; 香气清纯; 滋味甜爽甘醇	
黄小茶	远安鹿苑、沩山毛尖	外形不一,色泽黄绿多毫; 香气纯正; 滋味鲜醇回甘	
黄大茶	霍山黄大茶、广东大叶青	叶大梗长,色泽油润显黄; 高爽焦香,类似锅巴香; 滋味浓醇	

实训安排

1. 实训项目：认识黄茶。

2. 实训要求：

(1)熟练掌握黄茶的分类；

(2)了解黄茶的制作工艺；

(3)掌握黄茶的品质特征；

(4)能识别并比较君山银针、蒙顶黄芽、远安鹿苑、霍山黄大茶等四种黄茶的品质特征。

3. 实训时间：45 分钟。

4. 实训场所与工具：

(1)能进行茶叶鉴别的茶艺实训室；

(2)玻璃杯、随手泡、茶荷、滤网、公道杯、茶称、叶底盘、计时器、白瓷碗、汤匙、茶巾；

(3)君山银针、蒙顶黄芽、远安鹿苑、霍山黄大茶各 50 克。

5. 实训方法：教师示范、分组品鉴、小组讨论。

6. 实训步骤：

(1)教师讲解黄茶的品质特征并示范茶叶鉴赏的基本方法；

(2)学生分组练习鉴赏黄茶；

(3)学生填写下列实训报告。

茶叶名称	外　形	香　气	汤　色	滋　味	叶　底	茶　类
君山银针						
蒙顶黄芽						
远安鹿苑						
霍山黄大茶						

五、白茶

　　白茶属于微发酵茶，是我国的特产，正所谓"世界白茶看中国"。白茶的主产地是福建的福鼎、政和、松溪、建阳等，近年来云南也出现了新工艺白茶。

　　品质特征：满身披毫，故称白茶。

　　制作工艺：鲜叶—萎凋—干燥。

　　保健功效：消炎抗菌、解毒。

　　储存要点：干燥、通风、阴凉。

　　白茶不炒不揉，关键工艺是萎凋。萎凋是指在一定温湿度条件下均匀摊放，促进鲜叶中酶的活性，使鲜叶适度失水，内含物质发生适度变化，最后叶片颜色变成暗绿色、叶茎萎蔫，青草气散失。

　　萎凋的方式有三种：室内自然萎凋、复式萎凋、加温萎凋。室内通风良好、无日光直射的时候，选用室内自然萎凋；春秋季的晴天采用复式萎凋，也就是自然萎凋和日光萎凋相结合；阴雨天气一般采用加温萎凋。萎凋适度的叶片含水量在 18%～26% 之间，芽叶毫色银白，叶色转变成灰绿色或深绿色，叶缘自然干缩或垂卷，芽尖、嫩梗呈"翘尾"状。

　　根据鲜叶采摘标准，白茶分为三类：白毫银针、白牡丹和寿眉（贡眉）。详见表3-5。

表 3-5　白茶的分类

分　类	采摘标准	品 质 特 征	图 片 示 例
白毫 银针	大白 芽头	芽头肥壮,挺直如针,满披白毫,色白如银; 香气清纯,毫香明显; 汤色浅杏黄色; 滋味清鲜纯爽,毫味显; 叶底全芽,肥嫩明亮	
白牡丹	水仙 一芽两叶	两叶抱一芽,色泽灰绿; 香气清纯; 汤色杏黄,清澈明亮; 滋味清醇,有毫味; 叶底芽叶连枝成朵	
寿眉 (贡眉)	群体种茶树 一芽两、三叶	色泽灰绿稍黄; 香气鲜纯; 汤色黄亮; 滋味清甜	

 实训安排

1. 实训项目:认识白茶。

2. 实训要求:

(1)熟练掌握白茶的分类;

(2)了解白茶的制作工艺;

(3)掌握白茶的品质特征;

(4)能识别并比较白毫银针、白牡丹、贡眉(散)、贡眉(饼)等四种白茶的品质特征。

3. 实训时间:45 分钟。

4. 实训场所与工具:

(1)能进行茶叶鉴别的茶艺实训室;

(2)玻璃杯、随手泡、茶荷、滤网、公道杯、茶称、叶底盘、计时器、白瓷碗、汤匙、茶巾;

(3)白毫银针、白牡丹、贡眉(散)、贡眉(饼)各 50 克。

5. 实训方法:教师示范、分组品鉴、小组讨论。

6. 实训步骤:

(1)教师讲解白茶的品质特征并示范茶叶鉴赏的基本方法;

(2)学生分组练习鉴赏白茶;

(3)学生填写下列实训报告。

茶叶名称	外　形	香　气	汤　色	滋　味	叶　底	茶　类
白毫银针						
白牡丹						
贡眉（散）						
贡眉（饼）						

六、黑茶

黑茶是后发酵茶，多为边销茶，藏民有"宁可三日无粮，不可一日无茶"的说法，其中的"茶"便是指黑茶。黑茶的主产地在湖北、湖南、四川、云南、广西五省。

品质特征：叶粗梗多，黄汤褐叶。

制作工艺：鲜叶—杀青—揉捻—渥堆—干燥。

保健功效：促消化、解油腻、降三高。

储存要点：通风、干燥。

黑茶的关键工艺是渥堆，这是黑茶品质特征形成的关键步骤。渥堆就是将揉捻后的叶片堆积在室温25℃、空气相对湿度在85％的场地，在湿热条件和微生物的共同作用下，茶叶内的物质会产生一系列复杂的化学变化。一般渥堆需要12～24个小时。

适度渥堆的茶堆表面会有热气并出现凝结的水珠，将手伸进堆内会感觉微微发热，叶片温度在45℃左右，叶片颜色由暗绿色变成黄褐色，叶片表面黏性减少，闻起来有酒糟味或酸辣味。

黑茶历史悠久，种类多，根据产地可以划分为湖北、湖南、四川、广西、云南五类；根据成茶外形可以划分为散茶和紧压茶，详见表3-6。

表3-6　黑茶的分类

产　地	外　形	分　类	图片示例
湖北	紧压茶	青砖茶	
湖南	散茶	三尖（天尖、贡尖、生尖）	

产　地	外　形	分　类	图片示例
湖南	紧压茶	四砖（茯砖、花砖、青砖、黑砖）	
		花卷（千两茶、百两茶、十两茶）	
四川	紧压茶	南路边茶（康砖、金尖）	
		西路边茶（茯砖、方包）	
广西	散茶	六堡茶	
云南	散茶	普洱散茶	
	紧压茶	普洱饼茶、沱茶、普洱砖茶	

>>→ | 实训安排 | ......

1. 实训项目:认识黑茶。

2. 实训要求:

(1)熟练掌握黑茶的分类;

(2)了解黑茶的制作工艺;

(3)掌握黑茶的品质特征;

(4)能识别并比较湖北青砖、六堡茶、熟普洱(散)、熟普洱(饼)、茯砖等五种黑茶的品质特征。

3. 实训时间:45 分钟。

4. 实训场所与工具:

(1)能进行茶叶鉴别的茶艺实训室;

(2)玻璃杯、随手泡、茶荷、滤网、公道杯、茶称、叶底盘、计时器、白瓷碗、汤匙、茶巾;

(3)湖北青砖、六堡茶、熟普洱(散)、熟普洱(饼)、茯砖各 50 克。

5. 实训方法:教师示范、分组品鉴、小组讨论。

6. 实训步骤:

(1)教师讲解黑茶的品质特征并示范茶叶鉴赏的基本方法;

(2)学生分组练习鉴赏黑茶;

(3)学生填写下列实训报告。

茶 叶 名 称	外 形	香 气	汤 色	滋 味	叶 底	茶 类
湖北青砖						
六堡茶						
熟普洱(散)						
熟普洱(饼)						
茯砖						

七、再加工茶

以基本茶类为原料进行再加工制成的茶称为再加工茶,主要包括花茶、紧压茶、保健茶、袋泡茶、含茶饮料等。

1. 花茶

用茶叶和香花进行拼和窨制,使茶叶吸收花香而制成的香茶,称"花茶"。明代顾元庆《茶谱》的"茶诸法"中对花茶窨制技术记载得比较详细:木樨、茉莉、玫瑰、蔷薇、兰蕙、橘花、栀子、木香、梅花皆可用于制作花茶。据史料记载,清咸丰年间(1851—1861 年),福州已有大规模茶作坊进行茉莉花茶生产。

现代花茶的种类很多,有茉莉花茶、白兰花茶、玫瑰花茶、珠兰花茶、柚子花茶、桂花茶、栀子花茶、米兰花茶、树兰花茶等。一般来讲,茉莉花茶都以烘青绿茶为主要原料,也有用龙井、乌龙窨制的,分别称为花龙井、茉莉乌龙。玫瑰花大都用来窨制红茶,桂花用来窨制绿茶、红茶、乌龙茶效果都很好。品饮花茶主要品香气的鲜灵度、浓郁度和纯度。

2. 紧压茶

各种散茶经加工蒸压成一定形状而制成的茶叶称为"紧压茶"。紧压茶根据采用茶类原料的不同可分为绿茶紧压茶、红茶紧压茶、乌龙茶紧压茶、黑茶紧压茶。

　　绿茶紧压茶产于云南、四川、广西等地,主要有沱茶、普洱方茶、竹筒茶、广西杷杷茶、四川毛尖、四川芽细、小饼茶、香茶饼等。

　　红茶紧压茶是以红茶末为原料蒸压成砖型或团型的压制茶。砖形的茶有米砖、小京砖等,团形的茶有凤眼香茶。

　　乌龙茶紧压茶是按照乌龙茶的制造工艺压制成的紧压茶,如福建漳平生产的漳平水仙饼茶。

　　黑茶紧压茶是以各种黑茶的毛茶为原料,经蒸压制成的各种形状的压制茶。主要有湖南的湘尖、黑砖、花砖、茯砖,湖北的老青砖,四川的康砖、金尖、方包茶,云南的紧茶、圆茶、饼茶以及广西的六堡茶等。黑茶紧压茶以香气纯和、无青涩味、陈香浓郁、汤色棕褐者为上品。

　　紧压茶压制时将茶叶蒸热,吸收水分,使原料软化,再装入模框内压制后退出模框进行烘干。模框是茶叶定型的关键,有砖形、碗形、饼形等。但不管紧压茶形状如何,都要求外形光洁,棱角分明,不龟裂。

3. 保健茶

　　能调节人体机能,适用于特殊人群,但不以治疗疾病为目的的食品称为"保健功能食品"。保健功能食品具有调节免疫、延缓衰老、改善记忆、促进生长发育、抗疲劳、减肥等功能。保健茶是保健功能食品的重要组成部分。

　　菊花、苦丁、玫瑰花等都不是茶,但人们习惯上把能够饮用的这些植物也称为茶。有些植物的根、茎、叶、花、果经过加工后可单独泡饮,也可调配一些茶叶,饮用后能调节人体机能,起到预防疾病和保健的作用。

　　保健茶是我国医学宝库中最丰实也最简单实用的一部分。保健茶气味较淡,药性轻灵,服用简单、方便,或浓或淡也没有严格限制,而且一般没有副作用。

4. 袋泡茶

　　袋泡茶源于20世纪初,是由过滤材料包装而成。根据袋泡茶原料的不同,可分为绿茶袋泡茶、红茶袋泡茶、乌龙茶袋泡茶、黄茶袋泡茶、白茶袋泡茶、黑茶袋泡茶和花茶袋泡茶。其基本品质为:具有本品中茶叶固有的品质特征,品质正常、无异味、无异臭、无霉变。

5. 含茶饮料

　　用茶制作饮料因其独特的风味广受市场欢迎。含茶饮料一般是用水浸泡茶叶,经过滤、浓缩、萃取等工艺,分别制成浓缩茶、速溶茶、果味茶汽水等,如柠檬红茶、荔枝红茶、山楂茶等。

>>→ 任务测评

一、单项选择题

1. "安吉白茶"是什么茶?(　　　　)

A. 白茶　　　　　　　B. 绿茶　　　　　　　C. 乌龙茶　　　　　　　D. 红茶

2. 绿茶属于(　　　)茶类。

A. 半发酵　　　　　　B. 全发酵　　　　　　C. 不发酵　　　　　　D. 轻发酵

3. 白茶有三个等级,分别是白毫银针、(　　　　)、寿眉(贡眉)。

A. 白山茶　　　　　　B. 白牡丹　　　　　　C. 白百合　　　　　　D. 白玫瑰

4. 武夷岩茶是(　　　)乌龙茶的代表。

A. 闽北　　　　　　　B. 闽南　　　　　　　C. 广东　　　　　　　D. 台湾

5. 赤壁青砖茶属于(　　　)。

A. 红茶　　　　　　　B. 绿茶　　　　　　　C. 黄茶　　　　　　　D. 黑茶

二、多项选择题

1. 黄茶按鲜叶老嫩不同,分为(　　　　)三大类。

A. 黄芽茶　　　　　　B. 黄小茶　　　　　　C. 黄金桂　　　　　　D. 黄大茶

2.红茶按照制作工艺的不同可分为（　　　）。

A.大种红茶 　　　　　　B.小种红茶 　　　　　　C.工夫红茶 　　　　　　D.红碎茶

3.影响茶叶变质的外在因素有（　　　）。

A.光线 　　　　　　B.温度 　　　　　　C.水分 　　　　　　D.氧气

4.以下哪些属于乌龙茶？（　　　）

A.金骏眉 　　　　　　B.六安瓜片 　　　　　　C.大红袍 　　　　　　D.铁观音

5.肠胃虚寒、体质较弱的人适合喝什么茶？（　　　）

A.滇红 　　　　　　B.大红袍 　　　　　　C.西湖龙井 　　　　　　D.熟普洱

三、判断题

1.茶叶储存的条件是：低温、干燥、无氧气、不透明、无异味。（　　　）

2.安溪铁观音的品质特点：条索卷曲、壮结、重实；色泽鲜润显砂绿；冲泡后，香气馥郁持久，有七泡留余香之誉。（　　　）

3.汤色碧绿、滋味甘醇鲜爽是西湖龙井的品质特点。（　　　）

4.绿茶根据杀青和干燥方式不同，可分为晒青绿茶、烘青绿茶、炒青绿茶、蒸青绿茶。（　　　）

5.晚上不宜饮浓茶。（　　　）

任务二　学习中国十大名茶

»→ **任务引入**

中国十大名茶是指历史悠久、种类繁多、享有很高声誉的茶叶。一般而言，名茶之所以有名，关键在于有独特的风格，主要在茶叶的色、香、味、形四个方面。例如，龙井茶以"色绿、香郁、味醇、形美"四绝著称于世，也有一些名茶以其中一两个特色而闻名。

一、西湖龙井

西湖龙井（见图3-1），属绿茶类，为中国名茶之首，产自浙江省杭州市西湖区。

1.历史典故

西湖地区产茶历史悠久，早在唐代，茶圣陆羽就在《茶经》中记载"钱塘（茶）生天竺、灵隐二寺"。北宋时期，龙井茶区已经慢慢开始形成一个区域。南宋，随着京都迁至杭州，龙井茶的茶区有了进一步的发展。明代，不少才子留下的有关茶的书籍中都有西湖龙井的影子。其中，徐渭更是将龙井茶收入全国名茶、贡茶名录。清朝，乾隆皇帝六下江南，曾四次来到西湖龙井茶区观看茶叶采制，品茶赋诗。并将狮峰山下胡公庙前的十八棵茶树封为"御茶"。茶商将西湖龙井茶区分为"狮、龙、云、虎"四个字号。1915年，西湖龙井在首届巴拿马太平洋万国博览会上崭露头角，闻名海外。新中国成立后，龙井茶被列为国家外交礼品茶，原有的四个字号被归并为"狮峰龙井、梅坞龙井、西湖龙井"三个品类。1959年，全国茶叶评比会上，西湖龙井被列为"中国十大名茶"之一。

图3-1　西湖龙井

2.制作工艺

西湖龙井是炒青绿茶，其制作工艺为鲜叶摊放—炒青锅—回

潮—分筛—辉锅—复筛归堆—收灰贮藏。

西湖龙井采摘的三大特点是"早""嫩""勤"。"早"指的是采茶的时间要早,西湖龙井的采摘以早为贵。清明节前几天采制的茶称为明前茶,谷雨节前采制的茶称为雨前茶。"嫩"指的是茶叶的嫩度,西湖龙井采摘的标准是一芽一叶或一芽二叶。初展的鲜嫩芽叶,根据不同嫩度又分为"莲心""旗枪""雀舌"。"勤"指的是采摘次数,西湖龙井一般分批采摘,前期的春茶是每日采摘或隔日采摘的,中后期的茶叶几天采摘一次。

(1)鲜叶摊放:将采摘下的鲜叶薄摊在室内竹筛上晾晒。摊放是为了让鲜叶散发青草气,增进茶香,减少苦涩味,增加氨基酸含量,提高鲜爽度;经过摊放后,鲜叶会被分为大、中、小三类,方便后续采用不同手法和锅温炒制。

(2)炒青:在 15 分钟之内,茶叶初具扁平、挺直的形状,软润、色泽一致,含水率约为 40%(约六成干)。

(3)回潮:将经过炒青的茶叶取出摊在竹筛上,尽快降温和散发水汽,时间以 30～60 分钟为宜。

(4)辉锅:将回潮后的茶叶炒干(含水量约 7%),进一步减少水分定型。

传统西湖龙井的炒制需要手工完成,炒制过程有"抖、带、挤、甩、挺、拓、扣、抓、压、磨"十大手法。在炒制过程中,炒茶师傅根据鲜叶大小、老嫩和锅中茶坯的成型程度,灵活地变化手法,调节手的力度,做到"手不离茶,茶不离锅"。

3. 品质特征

西湖龙井以"色绿、香郁、味醇、形美"四绝享誉中外。根据原料嫩度不同,西湖龙井被分为特级、一级至五级共六个等级。西湖龙井成品茶外形扁平光滑挺直、芽叶肥壮,颜色嫩绿透黄(俗称"糙米色"),汤色嫩绿明亮,香气高爽馥郁持久(有豆花香),滋味鲜爽甘醇,叶底嫩绿明亮、细嫩成朵。

二、洞庭碧螺春

洞庭碧螺春(见图 3-2),属绿茶类,主要产于江苏省苏州市吴中区太湖洞庭东山、洞庭西山以及附近的茶区。

1. 历史典故

洞庭碧螺春创制于明末清初,其产区洞庭山植物种类丰富,生长繁密。以茶树为主,在茶园中栽种果树,是碧螺春茶最具特色的栽培方式。果树与茶树混栽套种,果树与茶树的根脉相连,茶吸果香、花酵茶味,故而洞庭碧螺春有特殊的花果香,在当地最早的名称是"吓煞人香"。清朝康熙年间,康熙皇帝巡游太湖时,品尝此茶,觉得极好,就将这种汤色碧绿、卷曲如螺的茶,赐名为"碧螺春"。碧螺春是茶中珍品,在清代就成了贡茶。如今,洞庭碧螺春远销美国、日本、德国、马来西亚等国家,并被当作"国茶"接待和馈赠国外贵宾。

图 3-2 洞庭碧螺春

2. 制作工艺

碧螺春是炒青绿茶,其手工制作工艺为杀青—揉捻—搓团显毫—烘干。其中,"搓团显毫"是碧螺春制作工艺中形成其外形"卷曲似螺、茸毫满披"的关键工艺。

碧螺春采摘有三大特点:时间上需摘得早,鲜叶要求采得嫩,最后便是需要拣得净。在每年的春分前后,碧螺春鲜叶就开始采摘,谷雨前后结束。其中,春分到清明这段时间里采摘的茶叶最为名贵。采摘细嫩的芽叶必须要精心,保持其形状均匀一致,这样被采下的芽叶含有丰富的氨基酸和茶多酚,保证了碧螺春的品质。通常,采一芽一叶的初展鲜叶,芽长 1.6～2.0 厘米的嫩叶,因其外形,被称为"雀舌"。一般要制成 500 克的特级碧螺春,需采 6.8 万～7.4 万颗芽头。采回的鲜芽叶需要进行精心拣剔,以保证芽叶匀整一致。拣剔 1 公斤芽叶,通常需花费 2～4 个小时。

碧螺春炒制过程中要做到"手不离茶,茶不离锅,揉中带炒,炒中有揉,炒揉结合,连续操作,起锅即成"。

(1)杀青:在平锅或者斜锅内进行,将锅加热至190~220℃时倒入一斤鲜叶,以抖为主,双手翻炒,做到捞净、抖散、杀透、杀匀。历时3~5分钟。

(2)揉捻:在65~75℃的锅中,抖、炒、揉三种手法交替进行,使条索逐渐形成。

(3)搓团显毫:锅温达到55~60℃时,边炒制边用双手将锅里的茶叶揉成一个个的小团,反复搓揉,搓至茶叶形状慢慢卷曲似螺、茸毫显露,达到八成干左右。

(4)烘干:采取轻炒轻揉的手法,达到让茶叶定型、继续显毫、干燥的目的。

3. 品质特征

洞庭碧螺春以"形美、色艳、香浓、味醇"四绝闻名于中外。本地茶农用"满身毛、铜丝条、蜜蜂腿"来形容洞庭碧螺春的外形特征。其干茶外形条索紧结纤细,稍弯曲,绒毛披覆,白毫显露,色泽银绿,翠碧诱人,卷曲成螺。茶汤香气鲜雅,有天然的花果香,汤色碧绿清澈,滋味鲜醇、回味绵长,叶底柔嫩,有"一嫩(芽叶细嫩)三鲜(茶叶的色、香、味)"之称。

三、信阳毛尖

信阳毛尖(见图3-3)又称豫毛峰,属绿茶类,产自河南省信阳地区,是河南省著名特产之一。

1. 历史典故

信阳毛尖创制于清朝末年,此前,信阳茶历史悠久,唐代已成为贡茶。唐代茶圣陆羽在《茶经》一书中,便提到"淮南(茶):以光州(今信阳市潢川县、光山县、商城县一带)上,义阳郡(今信阳市一带)、舒州次⋯⋯"北宋时期,文学家苏轼更是称赞"淮南茶,信阳第一"。清末年间,信阳茶商改革制茶技术,创制出信阳毛尖的雏形,并将优质的五云(车云山、集云山、云雾山、天云山、连云山)、两潭(黑龙潭、白龙潭)茶命名为豫毛峰。1958年,信阳茶被评为全国十大名茶之一,因与"黄山毛峰"同名,"豫毛峰"更名为信阳毛尖。此后,信阳毛尖多次获得全国名茶等荣誉称号,家喻户晓。

图3-3　信阳毛尖

2. 制作工艺

信阳毛尖属于锅炒杀青的烘青绿茶,其制作工艺为鲜叶摊放—炒生锅—炒熟锅—初烘—摊凉—复烘—拣剔—再复烘。

(1)摊放:将鲜叶筛分后依次摊在室内通风、洁净的竹编簸箕上,厚度宜5~10厘米,水分高的叶子需薄薄的摊放,每隔一个小时左右就要翻动一次,避免上面的叶子失水过多,失去了鲜度。

(2)炒生锅:用专门的铁锅,让嫩叶变成泡松条索,嫩茎折不断,然后尽快用茶把将茶叶全部扫入熟锅中;炒生锅历时7~10分钟即可,茶叶含水量约55%。

(3)炒熟锅:熟锅与生锅规格一致,与生锅并行排列,呈40°左右倾斜;锅温80~90℃,茶叶逐渐变得紧细、圆直、光润;时间与炒生锅差不多,茶叶含水量25%左右。

(4)初烘:将从熟锅陆续出来的四到五锅茶叶作为一烘,均匀摊开进行烘焙,定型茶条,待含水量为15%左右时,即可下烘。

(5)摊凉:初烘后的茶叶,置于室内大簸箕上及时摊凉4个小时以上,厚度30厘米左右,待复烘。

(6)复烘:将摊凉后的茶叶再次进行烘干,历时30分钟左右,含水量控制在8%~9%。

(7)拣剔:复烘后的毛茶摊放在工作台上,将茶叶中的黄片、老枝梗及非茶类夹杂物剔出,然后进行分级。

(8)再复烘:烘温 60℃左右,进一步干燥茶叶,达到含水量 5%～6%。

3. 品质特征

信阳毛尖以"细、圆、光、直、多白毫、香高、味浓、色绿"闻名。分为特级、一级至五级。外形条索纤细秀直,有锋苗(特级、一级形状似针),干茶色泽翠绿,油润光滑,汤色嫩绿明亮,香气高鲜,带熟板栗香,滋味鲜醇爽口,叶底匀整嫩绿。

四、庐山云雾

庐山云雾(见图 3-4),属绿茶类,产自江西省九江市庐山。

1. 历史典故

庐山云雾始产于东汉,历史悠久。最早的庐山云雾是一种野生茶,被僧侣采摘充饥使用,后东林寺名僧慧远将其栽培种植。宋代时期,庐山云雾成为贡茶之一。在明清时候,庐山云雾大量生产出售,成为当地山民和僧侣的主要经济来源。新中国成立后,庐山云雾更是成为全国名茶之一。朱德元帅在品尝过后写诗称赞"庐山云雾茶,味浓性泼辣。若得长时饮,延年益寿法。"1982 年,庐山云雾被评为全国名茶,获得国家优质产品银质奖。1988 年,庐山云雾获得中国首届食品博览会的金奖。

图 3-4　庐山云雾

2. 制作工艺

庐山云雾是炒青绿茶,制作工艺为杀青—抖散—揉捻—初干—理条—搓条—拣剔—提毫—烘干。

庐山云雾鲜叶开采时间比其他茶的采摘时间晚,一般在谷雨后至立夏之间开始采摘,鲜叶原料一芽一叶初开展,芽叶长度不超过 3 厘米,严格做到"紫芽不采,病虫叶不采,雨水叶不采"三不采。

(1)杀青:需要抖闷交替将芽叶炒至青草气散发,使得芽叶颜色变暗,叶质柔软粘手,梗弯曲折而不断。

(2)抖散:将芽叶的水分散发,降低叶温,防止芽叶变黄。

(3)揉捻:使得芽叶初步成条,茶汁揉出。

(4)初干:将芽叶的水分进一步减少,降低含水量。

(5)理条:解散茶团,理直茶条。

(6)搓条:进一步使条形紧结,固定外形,散发部分水分,历时 10～15 分钟。

(7)拣剔:在搓条中,将黄片、粗条及夹杂物拣剔出来。

(8)提毫:使茶条进一步紧结,白毫显露,历时约 10 分钟。

(9)烘干:这一步的温度需要 75～80℃,继续减少水分,烘至手捻茶叶可成粉末即可。

3. 品质特征

庐山云雾干茶外形条索紧实挺秀、芽头肥壮,色泽绿润显毫,香气鲜爽持久,带有兰花香,汤色清亮,青绿带黄,滋味醇厚回甘,叶底嫩绿匀齐。

五、黄山毛峰

黄山毛峰(见图 3-5),属绿茶类,产于安徽省黄山风景区及周边一带,为历史名茶。

1. 历史典故

《徽州府志》中有记载:"黄山产茶始于宋之嘉祐,兴于明之隆庆。"说明黄山茶在宋代就已出现,明代时兴起。明代的黄山茶不仅在制作工艺上有很大提高,品种也日益增多,而且这时的黄山茶已独具特色,黄山毛峰茶的雏形也基本形成。据《徽州商会资料》记载,清代光绪年间,歙县茶商谢正安创办了谢裕泰茶行,为了迎合市场需求,清明前后,他率人到充川、汤口等高山名园选采肥嫩芽叶,取名"毛峰",后冠以地名为"黄山毛峰"。由于其产地在黄山徽州一带,享有名山产名茶的称号,又被称为徽茶。1986 年,黄山毛峰被外交部定为招待外宾用茶和礼品茶。同年,在全国花茶、乌龙茶优质产品和名茶评比会上,黄山毛峰再次荣获全国名茶桂冠。

图 3-5　黄山毛峰

2. 制作工艺

黄山毛峰是烘青绿茶,其制作工艺为杀青—揉捻—烘干。黄山毛峰采摘细嫩的一芽一叶,一般在清明前后采摘。

(1)杀青:锅炒杀青,使鲜叶的青草气消失,表面失去光泽,质地变柔软,稳定茶叶的色、香、味。

(2)揉捻:将杀青后的茶叶放在揉匾上,摊凉散热,用适度的力气搓揉,塑造条索外形。

(3)烘干:分毛火和足火,毛火后摊凉再用足火,充分散发茶叶的水分,进一步显露茶香。

3. 品质特征

黄山毛峰,干茶形似雀舌、匀齐壮实、峰毫显露,色如象牙、鱼叶金黄,清香高长,汤色嫩绿清澈,滋味鲜醇、甘甜,叶底嫩黄,肥壮成朵。其中"金黄片"和"象牙色"是黄山毛峰明显不同于其他毛峰的两大特有品质。

六、六安瓜片

六安瓜片(见图 3-6),属绿茶类,也被称为瓜片或者片茶,产自安徽省六安市大别山一带,是中国名茶中唯一由单片叶子制成的、无芽头也无茶梗的茶。

图 3-6　六安瓜片

1. 历史典故

六安瓜片是历史名茶,早在唐代就被称为"庐州六安茶"。李白在诗中称赞其"扬子江中水,齐云顶上茶"。明代开始被称为"六安瓜片"。清朝,六安瓜片成为朝廷贡茶,极为珍贵。据说,慈禧太后也是在生下同治皇帝后,每个月才得以享用十四两六的六安瓜片。老一辈革命家对六安瓜片多有情钟,一代伟人周恩来与叶挺将军曾有一段与六安瓜片的不解之缘。1971 年,时任美国国务卿的基辛格首次访华,六安瓜片被作为国品礼茶馈赠,促进了中美关系的发展,被传为佳话。2007 年,胡锦涛访问俄罗斯期间,将六安瓜片与黄山毛峰、太平猴魁和绿牡丹 4 种名茶,作为"国礼茶"赠送给俄罗斯领导人。2008 年,六安瓜片已经获得国家质检总局"地理标志产品认证",并被列入国家非物质文化遗产目录。

2. 制作工艺

六安瓜片属于炒青绿茶,其传统制作工艺为:扳片—炒生锅—炒熟锅—拉毛火—拉小火—拉老火。其中,扳片是六安瓜片品质形成的重要工序。

六安瓜片一般的采摘时间在谷雨前后至小满前结束,以一芽二、三叶为标准采摘,需待鲜叶长至"开面"后方可采摘。

(1)扳片:及时扳片采回的鲜叶,将其分为小片、大片、针把子三类。

(2)炒生锅与炒熟锅:两锅相邻,一生一熟,主要作用就是杀青;慢慢翻炒,直至叶片变软后将其整理成条形且基本定型。

(3)拉毛火:将茶叶烘焙直八九成干后将杂质去除;将嫩片和老片混合在一起。

(4)拉小火:蒸发多余水分和发展香气,最迟在拉毛火过后的一天进行,注意温度不要太高。

(5)拉老火:最后一次烘焙,几乎决定了茶叶的色、香、味、形,故而要求极高;这是我国茶叶烘焙技术中别具一格的"火功"。

3. 品质特征

六安瓜片形似瓜子、叶边缘背卷平展、匀整顺直,干茶色泽油绿挂霜,汤色碧绿澄澈,香气清冽高爽、回味绵长,滋味鲜醇回甘,叶底黄绿明亮。

七、安溪铁观音

安溪铁观音(见图3-7),属青茶(乌龙茶类),产自福建省泉州市安溪县。

1. 历史典故

安溪产茶历史悠久,始于唐朝末期。明清年间,安溪茶叶迅速发展。关于安溪铁观音的起源,有两种说法,一为"王说",一为"魏说"。相传清乾隆元年,尧阳南阳有位读书人王仕让,在书轩旁发现一株茶树,制成的茶品非同一般,色香味俱佳。次年,王仕让进京,将此茗茶敬献内廷,乾隆皇帝品饮之后大加赞赏,"以其茶乌润结实,沉重似铁,味香形美,犹如观音",于是赐名为"铁观音"。这一"铁观音"来源的说法,被称为"王说"。

图 3-7 安溪铁观音

再讲讲"魏说"。清雍正三年,松岩村茶农魏荫,每日晨昏都以清茶三杯敬奉观音菩萨,数十年如一日。忽有一夜,观音菩萨在梦中赐他一棵摇钱树,采之不完、用之不尽。第二天清晨,魏荫遵循梦中指引,在打石坑石崖峭壁上找到一株异于他种的茶树。魏荫如获至宝,用心护育,采撷制作的茶叶,果然是上品。"奇为观音所赐,又茶紧结沉实似铁,故名曰'铁观音'。"

王说还是魏说,我们已无从考证,但他们的后代都以自己的方式守护着安溪铁观音。魏说的传人魏月德继续保护与传承着传统工艺,采用18道工序纯手工制作的传统铁观音,曾拍卖到十八万/斤的价格,因此得名"魏十八"。另一边,王说的传人王文礼将铁观音赋予现代色彩工业流程的品牌标准,融入八马茶企走向世界各地。安溪铁观音曾多次获奖,2002年,安溪铁观音被列入原产地域保护,属地标产品。2010年,安溪铁观音以"十大名茶之首"在上海世博会亮相。

2. 制作工艺

安溪铁观音属青茶类,其制作工艺为:摊青—晒青—做青—炒青—揉捻—初烘—初包揉—复烘—复包揉—足干。其中,"做青"是安溪铁观音品质形成的关键步骤。

(1)摊青、晒青:均匀摊放鲜叶,蒸发水分,形成其独特的香气。

(2)做青:摇青和凉青两个步骤交替进行,约4~5次。这一步是决定茶叶品质的关键,能激发茶叶的香味,形成独特的香气。

(3)炒青:做青适度的茶叶应及时炒青,为揉捻造型创造条件,炒青讲究高温短时。

(4)揉捻、包揉、烘焙:多次反复,使茶叶内含物实现非酶性氧化,并起到干茶定型作用。

3. 品质特征

安溪铁观音外形为螺旋状半球形,叶表带白霜、色泽砂绿,汤色清澈,呈金黄色或蜜绿色,香气持久高锐,有天然的兰花香,滋味甘鲜醇厚,俗称"音韵",叶底柔亮,绿叶红镶边。

八、祁门红茶

祁门红茶别名祁红(见图3-8),属红茶类,是中国历史名茶,产于安徽省黄山市祁门县。它与印度大吉岭红茶、斯里兰卡乌瓦茶并称为"世界三大高香茶"。

1. 历史典故

图3-8　祁门红茶

祁门一带盛产茶叶,历史悠久,早在唐代陆羽的《茶经》中就有所记录。不过值得一提的是,清光绪以前,祁门只产绿茶,不产红茶。史料记载,光绪元年,安徽黟县人余干臣从福建被罢官回乡经商,因羡慕福建红茶畅销多利,便开设茶庄,模仿闽红工艺,用当地茶青试制工夫红茶成功。因销量好,当地人纷纷效仿制作红茶,逐渐形成"祁门红茶"。祁门红茶颇享盛誉,不止在国内受欢迎,还深受英国女王和其余王室成员的喜爱,有着"群芳最""红茶皇后"等美誉,多年来一直是中国的国事礼茶。

2. 制作工艺

祁门红茶属于工夫红茶,其制作工艺为:萎凋—揉捻—发酵—干燥。其中,发酵是促使祁门红茶品质形成的关键工序。

(1)萎凋:目的是让鲜叶均匀失水,变得柔韧,易于揉捻。

(2)揉捻:将叶子揉捻出紧结细长的外形,同时,将内含物揉出附于叶表,以利于发酵。

(3)发酵:又称"沤红",使茶叶内含物发生一系列的酶促氧化反应,从而形成祁红特有的色、香、味。

(4)干燥:通过加热来破坏酶的活性,使发酵过程中的茶叶停止其内含物的变化反应;同时,进一步去除茶叶中的水分,激发香气,且便于保存。

3. 品质特征

祁门红茶条索紧细苗秀、色乌光润,汤色红艳明亮,滋味鲜醇带甜,香气馥郁持久,带有类似蜜糖或苹果的香味,被称为"祁门香",叶底红亮软嫩。

九、君山银针

君山银针(见图3-9),别名"黄翎毛""白鹤茶",属黄茶类,产自湖南省岳阳市君山区洞庭湖中的君山。

图3-9　君山银针

1. 历史典故

君山产茶历史悠久。君山岛崇圣寺里有一个大石碑,碑文《登山记》中详细记载了君山茶的由来。相传舜帝南巡久久未归,娥皇、女英二妃寻至君山时,突闻舜帝崩于苍梧之野,心中哀痛无比,抚竹痛哭,泪洒竹上,斑痕点点,这就是后来君山岛上有名的斑竹。其后二妃在君山住下,日夜思念舜帝,在白鹤寺撒下茶籽,长出了三蔸健壮的茶苗,至此君山有茶,茶中含情。

唐朝贞观十五年,松赞干布迎娶文成公主。出发时,文成公主带去了大量的书籍、陶器、纸、酒、茶叶和能工巧匠,其中带

去的茶叶就是岳洲名茶"灉湖含膏",即君山茶的前身。从此饮茶的习俗被文成公主带进了西藏,为汉藏文化交流起到了重要的作用。1956年,君山银针获莱比锡国际博览会金质奖章。1957年,被定为全国十大名茶之一。

2. 制作工艺

君山银针属黄茶类,其制作工艺为:杀青—摊凉—初烘—初包—复烘—摊凉—复包—干燥。

(1)杀青:手工杀青在斜锅中进行,需将锅先磨光擦净,每次每锅投入300克左右的鲜叶,使青草气消失,发出茶香即可。

(2)摊凉:将杀青后的茶叶晾冷,再清除里面的细末杂质。

(3)初烘:用炭火炕灶,需要的温度为50~60℃,时间是25分钟左右;烘至五、六成干就可以下烘摊凉了。

(4)初包:用的是牛皮纸,包住摊凉后的茶坯,使茶坯闷黄,形成君山银针特有的色、香、味,这是君山银针制造的重要工序。

(5)复烘:再次蒸发水分。

(6)复包:方法与初包相同,时间则是20小时左右。

(7)干燥:足火所需要的温度为50~55℃,烘量每次不要太多,500克左右即可,焙至足干为止。

(8)贮藏:箱底铺上石膏,再垫两层皮纸,将茶叶用皮纸分装成小包,放在皮纸上面,封好盖箱。

3. 品质特征

君山银针干茶芽头挺直肥壮、满披茸毛,色泽金黄光亮,有"金镶玉"之称。汤色浅黄明净,香气清鲜,滋味甜爽,叶底黄明。

十、武夷岩茶

武夷岩茶(见图3-10),属青茶(乌龙茶)类,是历史悠久的传统名茶,是产于福建省武夷山市行政辖区范围内的闽北乌龙条形茶。

1. 历史典故

武夷茶历史悠久,汉武帝在饮用后称赞其"真乃清白之士也"。唐代,孙樵在《送茶与焦刑

图3-10 武夷岩茶

部书》中,将武夷茶拟人为"晚甘侯"。宋代,武夷茶作为贡品被制成龙团凤饼,蔡襄的《茶录》、赵汝砺的《北苑别录》中均有记载。元代,创立焙局,专门在武夷山设立"御茶园",办理贡茶的采制。明代,随着朱元璋"废团改散"的诏令,武夷茶民改制团饼茶为条形、片形茶。明末清初,武夷创制了乌龙茶,是乌龙茶工艺的创始。现存最早的"岩茶"记载是清代康熙年间,崇安县令王梓的《茶说》"武夷山周围百二十里皆可种茶,其品有二,在山者为岩茶,上品……"武夷岩茶不仅在国内多次获得各类奖项,更是传统的出口产品,远销东南亚、日本等地。2002年,武夷岩茶被列入"原产地域保护产品"。2006年,国家制定和实施了中华人民共和国标准GB/T18745—2006地理标志产品武夷岩茶。

2. 制作工艺

武夷岩茶有一套复杂独特的制作工艺,包括初制和精制。

(1)初制:鲜叶—萎凋—做青—炒青—揉捻—干燥。

（2）精制：定级归堆—筛分—风选—拣剔—匀堆—炖火—包装。

3. 品质特征

武夷岩茶条索肥壮、紧结匀整,条形稍带扭曲,叶背有似青蛙皮状的砂粒,俗称"蛤蟆背",色泽青褐油润带宝光,又称"砂绿润";香气馥郁持久,滋味醇厚、鲜滑甘润,喉韵清冽,齿颊留香,具有特殊的"岩韵";汤色清澈明亮,呈深橙黄(红)色;叶底软亮。

任务测评

一、单项选择题

1. 西湖龙井产自（　　）。
   A. 浙江杭州　　　　　B. 江西九江　　　　　C. 福建武夷山　　　　D. 安徽黄山

2. 君山银针属于（　　）类。
   A. 红茶　　　　　　　B. 黄茶　　　　　　　C. 绿茶　　　　　　　D. 白茶

3. （　　）茶有"绿叶红镶边"的特征。
   A. 六安瓜片　　　　　B. 武夷岩茶　　　　　C. 安溪铁观音　　　　D. 洞庭碧螺春

4. 与印度大吉岭红茶、斯里兰卡乌瓦茶并称为"世界三大高香茶"的是（　　）。
   A. 西湖龙井　　　　　B. 武夷岩茶　　　　　C. 庐山云雾　　　　　D. 祁门红茶

5. 以下属于烘青绿茶的是（　　）。
   A. 西湖龙井　　　　　B. 黄山毛峰　　　　　C. 六安瓜片　　　　　D. 安溪铁观音

6. 洞庭碧螺春属于（　　）。
   A. 青茶　　　　　　　B. 绿茶　　　　　　　C. 白茶　　　　　　　D. 黑茶

7. （　　）是促使祁门红茶内含物质变化的关键工序。
   A. 揉捻　　　　　　　B. 干燥　　　　　　　C. 发酵　　　　　　　D. 萎凋

8. （　　）茶的炒制过程有"抖、带、挤、甩、挺、拓、扣、抓、压、磨"十大手法。
   A. 武夷岩茶　　　　　B. 西湖龙井　　　　　C. 黄山毛峰　　　　　D. 安溪铁观音

9. 被康熙皇帝赐名的茶是（　　）。
   A. 六安瓜片　　　　　B. 洞庭碧螺春　　　　C. 君山银针　　　　　D. 黄山毛峰

10. 由单片叶子制成的,无芽头也无茶梗的茶是（　　）。
    A. 西湖龙井　　　　　B. 洞庭碧螺春　　　　C. 六安瓜片　　　　　D. 祁门红茶

二、填空题

1. _____外形为螺旋状半球形,叶表带白霜,色泽砂绿,香气持久高锐,有天然的兰花香。

2. 清朝时,_____被列为"贡茶",分为"尖茶""茸茶"两种。

3. _____采摘的三大特点是"早""嫩""勤"。

4. 深受英国女王和其余王室成员的喜爱,有着"群芳最""红茶皇后"等美誉的是_____。

5. _____的初制过程中,有采摘、萎凋、做青、炒青、揉捻、干燥六道工序。

6. _____是六安瓜片品质形成的重要工序。

7. 信阳毛尖又称豫毛峰,产自_____。

8. _____有特殊花果香,在当地最早的名称是"吓煞人香"。

9. _____是安溪铁观音品质形成的关键步骤。

10. 清代光绪年间,歙县茶商谢正安创办了谢裕泰茶行,并创制出_____。

项目四

探寻茶之水

张爱玲是个喜欢借茶抒情的女作家,借文字来表达自己感情的人,她的好文章都是在一杯茶、一摞纸,一支笔的情况下写出来的,而你在读完张爱玲的作品后就会很自然地与茶为伍了。

张爱玲本身嗜茶,所以她的女主角们也常与茶打交道。如《怨女》中的银娣,欢喜地一样样东西都指给嫂子看"里床装着什锦架子,搁花瓶、茶壶、时钟",那茶壶如此郑重地被收放,可见是心头爱,说不定银娣上吊前就拿起桌上的茶壶,就着壶嘴喝了一口。再如曼桢与世钧那悠悠"半生缘",亦算是始自一杯茶。这杯茶,想来和坊间"像洗桌布的水"的茶相似,无香无味,只略带少许茶色,同桌的人要跑堂拿纸来擦筷子,曼桢便道:"就在茶杯里涮一涮吧,这茶我想你们也不见得要吃的",顺手便帮世钧洗了筷子。

张爱玲用旁敲侧击的手法,淡然落笔的"茶",范围不但广,且细致有韵。张爱玲通过曼桢、娇蕊、银娣和白流苏若干女人的眼里、心里描述着对茶的依恋与喝茶的主张。她不知是有意还是无意地将茶的神韵,无数次地在不经意间点进作品,已经随意到让人吃惊的地步。张爱玲比任何一位茶人更像茶人。

> **知识目标**

(1)了解水的分类及标准。

(2)了解水对茶汤品质的影响。

(3)了解中国历史名泉的典故。

> **能力目标**

(1)会选择适合泡茶的水。

(2)能熟练运用水的相关知识解决茶艺服务中的实际问题。

> **素质目标**

感知祖国的地大物博、名泉众多,树立民族自豪感。

≫→ **学前自查**

你平时喝什么水?			
你能说出不同类型的饮用水吗?	不能	能,_____	
你能说出不同的饮用水品牌吗?	不能	1种,_____	更多,_____
你在选择饮用水的时候会考虑哪方面的因素?	价格	品牌	其他,_____
你的家乡有名泉吗?	有	没有	在别处见过
你平时用什么水泡茶?			
你认为饮用水和泡茶用水的选择因素是一致的吗?	是	不是,_____	
你尝试过用不同的水来泡茶吗?	没有	有,_____	
你认为同一款茶用不同的水来泡,会有区别吗?	没有	有,_____	
你知道水中影响茶汤质量的因素是什么吗?	不知道	知道,_____	

任务一　理解水的标准

≫→ **任务引入**

清代张大复在《梅花草堂笔谈》中说:"茶性必发于水,八分之茶遇水十分,茶亦十分矣;八分之水试茶十分,茶只八分耳。"择水是习茶者必修之课。不同的水质、水温和水量等,会形成完全不同的茶汤品质。

历代茶人都充分认识到泡茶选水的重要性,并反复在各自的论著中阐明这一观点。陆羽在《茶经》中指出:"其水,用山水上,江水中,井水下;其山水,拣乳泉、石地慢流者上。"宋徽宗赵佶《大观茶论》中主张"水以清轻甘洁为美"。明人许次纾在《茶疏》中说:"无水不可与论茶也。"

现代科学研究基于古人经验性论述的基础上,开展了大量关于水质与茶汤品质的研究。

一、感观标准

2006年底,卫生部会同各有关部门完成了对1985年版《生活饮用水卫生标准》的修订工作,并正式颁布了新版《生活饮用水卫生标准(GB 5749—2006)》。该标准将饮用水中与人体健康相关的各种因素以法律形式做了量值规定,其中要求水无异色,不浑浊,呈透明状;水无异常的气味和味道,不含有肉眼可见物,其中

感观标准详见表 4-1。

表 4-1 饮用水的感观标准

项　目	标　准
色度(铂-钴色度单位)	15
浑浊度(散射浑浊度单位)/NTU	1(水源与净水技术条件限制时为 3)
臭和味	无异臭、异味
肉眼可见物	无

2021 年,中国农业科学院茶叶研究所等科研机构通过大量研究,给出了适合泡茶用水的各项推荐指标,包含电导率,钙、镁、钠等离子的指标范围及检验方法。《包装饮用天然泡茶水(T/CTSS 32—2021)》标准的发布与实施,填补了我国目前泡茶水细分领域标准的空白,为消费者选择产品提供了科学依据,也为生产监督管理和开展各项相关工作提供了有效的技术标准依据,从而保障消费者的饮水安全和健康。

二、硬度标准

硬度是反映水中矿物质含量的指标,1 升水中含有 10mg 氧化钙为 1 度。0～4 度为很软水,4～8 度为软水,8～16 度为中度硬水,16～30 度为硬水。水的硬度对茶汤品质影响主要体现在以下两点。

第一,水的硬度会影响茶叶成分的浸出率。软水中溶质含量较少,茶叶成分浸出率高;硬水中矿物质含量高,茶叶成分的浸出率低。尤其是当水的硬度大于 30 度时,茶叶中茶多酚等成分的浸出率明显下降。

第二,水的硬度大,水中钙、镁等矿物质含量高,会引起茶多酚、咖啡因沉淀,使茶汤变浑、茶味变淡。当水的永久硬度过高,则茶汤的"盐味"明显。

三、酸碱度标准

根据新版《生活饮用水卫生标准(GB 5749—2006)》,饮用水的酸碱度(pH 值)应该不小于 6.5 且不大于 8.5。水的 pH 值对茶汤的汤色、滋味和香气都有影响。

首先,汤色对 pH 值相当敏感。水的 pH 值越大,冲泡出的茶汤汤色越深。pH 值大于 7 时,水呈碱性,汤色变深。水的 pH 值太低,也不利于汤色的呈现,如 pH 值小于 4 时,红茶汤色会变浅。

其次,茶汤的滋味与茶多酚、氨基酸、咖啡因相关,而水的酸碱度对茶多酚、氨基酸的浸出影响显著。氨基酸呈微酸性,对酸碱度敏感,酸碱度对氨基酸的浸出影响显著,水的 pH 值为 5.5 时,茶叶中的氨基酸浸出率最高。水的 pH 值越低,茶汤的鲜爽度和收敛性就越强;pH 值大于 7 时,多酚类物质产生氧化反应,茶汤收敛性减弱,出现陈味,汤感变软。

最后,水的酸碱度影响茶汤香气物质的稳定性以及溶解性,pH 值在 3 到 4 之间时,花香型绿茶花香减弱,出现清香,而清香型绿茶和栗香型绿茶都表现为弱酸味;pH 值为 9 时,香气变得闷、钝。

四、其他标准

水的其他因素对茶汤的影响详见表 4-2。

表 4-2 水的其他因素对茶汤的影响

水质因子	标　准	对茶汤的影响
铁	含量高于 5 mg/L	茶汤变黑
镁	含量高于 20 mg/L	香气变闷

续表

水质因子	标　　准	对茶汤的影响
钙	含量高于 4 mg/L	茶汤滋味变苦涩
	增加	绿茶茶汤变黄
铅	含量高于 0.2 mg/L	茶汤滋味变苦涩
铝	含量高于 0.2 mg/L	茶汤滋味变苦涩
二氧化碳	含量高	茶汤鲜爽度提高

》→ 任务测评

一、单项选择题

1.《茶经》中水的选择等级是（　　　）。

A. 山水上、江水中、井水下　　　　　　B. 江水上、山水中、井水下

C. 井水上、江水中、自来水下　　　　　D. 井水上、山水中、泉水下

2. 下面（　　　）不属于泡茶用水的特征。

A. 重　　　　　　B. 冽　　　　　　C. 轻　　　　　　D. 甘

3. 在茶的冲泡基本程序中，煮水的环节讲究（　　　）。

A. 不同茶叶品质所需水温不同　　　　　B. 不同茶叶产地煮水温度不同

C. 根据不同的茶具选择不同的煮水器皿　　D. 不同的茶叶加工方法所需煮水时间不同

4.（　　　）是大众首选的自来水软化的方法。

A. 静置煮沸　　　　　B. 澄清过滤　　　　　C. 电解法　　　　　D. 渗透法

5.（　　　）泡茶，汤色明亮，香味俱佳。

A. 井水　　　　　　B. 江水　　　　　　C. 无污染的雪水　　　　　D. 海水

二、判断题

1.“水以清、轻、甘、冽为美。轻甘乃水之自然，独为难得。”这句关于水的描述来自《茶经》。（　　　　）

2. 国家规定饮水的标准，色度不超过 15 度。（　　　）

3. 泡茶用水，选择软水或暂时硬水为宜。（　　　）

4. 自来水，属于加工处理后的天然水，为软水。（　　　）

5. 茶汤色泽与水质密切相关。（　　　）

三、简答题

1. 水一般分为哪几类？

2. 请简述器具、水与茶的关系。

3. 泡茶用水最基本的标准是什么？

任务二　区别水的分类

》→ 任务引入

现代人选择泡茶用水，一般分为两种：天然的水源和经过人工加工的水源。其中，天然的水源有雨雪水、江河湖水、山泉水；经过人工加工的水源有自来水、矿泉水、纯净水等。

一、雨雪水

雨水和雪水被誉为"天泉"。尤其是雪水,更为古代茶人所推崇。唐代白居易在《晚起》中描述"融雪煎香茗,调酥煮乳糜";元代谢宗可在《雪煎茶》诗中写道"夜扫寒英煮绿尘";清代曹雪芹的"却喜侍儿知试茗,扫将新雪及时烹"也是在赞美用雪水泡茶。

不过,现代空气污染较为严重的地方,如果有酸雨,则雨水不能泡茶。同样,污染很严重的地方,雪水也不能用来泡茶。

二、江河湖水

江、河、湖水属地表水,受自然环境因素影响大,其特点是通常杂质较多、浑浊度大,特别是靠近城镇之处,更易受污染。这样的水中会存在较多的浑浊物和颗粒物,可能会因为水质较差而影响茶汤的风味品质。另外,水中的微生物也会导致茶汤的味道较重,一般来说不适合泡茶。

水中主要嗅味物质详见表4-3。

表4-3　水中的主要嗅味物质

嗅味物质	嗅味特征	味阈浓度	来　源
2-异丙基-3-甲氧基吡嗪	土味 霉臭味 烂土豆味	2 ng/L	放线菌
土臭素	土味 霉臭味	10 ng/L	放线菌 蓝藻细菌
2-甲基异冰片	土味 霉臭味 樟脑味	10~15 ng/L	放线菌 蓝藻细菌
2,4,6-三氯苯甲醚	霉臭味	7 ng/L	氯酚的生物甲基化
β-环柠檬醛	新鲜草味	<1 μg/L	湖水(藻类暴发)
	干草/木头味	2~20 μg/L	
	烟草味	>10 μg/L	
硫醇	硫黄味	—	已分解或活体蓝绿藻
三卤甲烷类	药味	—	氯消毒法

在远离人口密集的地方,污染物少,且其水是常年流动的,这样的江、河、湖水仍不失为沏茶的好水。唐代陆羽在《茶经》中说:"其江水,取去人远者"说的就是这个意思。

所以我们用江、河、湖水泡茶,应掌握三点:一是要远离人烟较多的城镇,少污染;二是要常年流动的"活水";三是要根据具体情况来处理。

三、山泉水

自古以来,人们就追求甘泉沏香茗,认为只有如此才能品尝到"香、清、甘、活"的茶水。茶人认为当地水泡当地茶风味更佳,如虎跑泉与龙井茶。

一般来说,泉水和溪水是经过山岩石隙和植被砂粒渗析,杂质少,透明度高,少污染,常含有较多的矿物质。当然,并非所有的泉水和溪水都适宜泡茶。

四、自来水

自来水经过处理已达到生活用水的国家标准,当然,受水源地的生态环境以及水处理工艺的影响,不同地区的自来水水质有较大区别。而且,自来水普遍存有的漂白粉和氯气气味会影响茶汤的滋味和香气,所以用自来水泡茶要先经过除氯、过滤等净化处理。

五、矿泉水

市面上的饮用矿泉水品牌多、价格差异大。用矿泉水泡茶时,要考虑水的矿化度和硬度。由于水中的矿物质离子易与茶汤中的多酚类物质反应发生络合反应,从而使茶汤中茶多酚的含量降低,影响茶汤汤色和滋味。因此,矿化度低、含钙量低的矿泉水适合泡茶;而矿化度高、硬度大的矿泉水不适合泡茶。

六、纯净水

饮用纯净水是经过深度处理的饮用水,一般呈弱酸性,是一种硬度极低、矿化度接近于零的软水。市面上有桶装、瓶装之分,都适合用来泡茶。

➤ 实训安排

1. 实训项目:认识泡茶用水。

2. 实训要求:

(1)熟练掌握泡茶用水的分类;

(2)了解不同水质的区别;

(3)感知同一款茶在不同的泡茶用水中所体现的感观差别。

3. 实训时间:45 分钟。

4. 实训场所与工具:

(1)能进行水质鉴别的茶艺实训室;

(2)每个小组配备五个随手泡,五套材质、外形完全相同的 150 mL 盖碗,五个玻璃公道杯,品茗杯若干、茶称、茶荷、叶底盘、计时器、白瓷碗、汤匙、茶巾;

(3)每个小组配备利川红 15 克。

5. 实训方法:教师示范、分组品鉴、小组讨论。

6. 准备工作:

(1)学生每五人为一组。

(2)收集五种不同的饮用水各 500 mL,在容器上分别贴上数字标签 1~5,记录在下表中;

序号	1	2	3	4	5
水源					

(3)准备五个随手泡,五套材质、外形完全相同的 150 mL 盖碗,五个玻璃公道杯,品茗杯若干,洗净并分别贴上数字标签 1~5 备用。

(4)称取五份茶样,每份茶样为利川红 3 克,置于茶荷备用。

7. 实验过程

(1)将标签 1 的饮用水烧至沸腾;

(2)取一份茶样,投入盖碗 1 中,用 1 号水冲泡 15 秒出汤倒至公道杯 1 中;

(3)依次将标签 2、3、4、5 的饮用水冲泡茶样,并出汤倒至对应序号的公道杯中;

(4)小组成员观察、对比并填写下表；

饮 用 水	汤 色	香 气	滋 味
1			
2			
3			
4			
5			

(5)综合评定,饮用水_____号最适合冲泡利川红。

▶▶▶ ‖任务测评‖ ⋯⋯⋯⋯

一、单项选择题

1."精茗蕴香,借水而发,无水不可与论茶也",此论述出自(   )。

　A.陆羽《茶经》　　　　B.张源《茶录》　　　　C.田艺衡《煮泉小品》　D.许次纾《茶疏》

2.水的种类可分为两大类,即(   )和人工处理水。

　A.河水　　　　　　　B.自来水　　　　　　　C.天然水　　　　　　　D.海水

3.水溶性维生素在茶水中可(   )。

　A.少量溶解　　　　　B.大量溶解　　　　　　C.全部溶解　　　　　　D.不能溶解

4.冲泡茶叶时,(   )不影响茶的香气、色泽、滋味得以充分发挥。

　A.选配茶具　　　　　B.投茶方式　　　　　　C.水的温度　　　　　　D.技艺之美

二、多项选择题

1.《红楼梦》一书中,"水"就是洁净的审美意象,书中描写的烹茶用水有(   )。

　A.露水　　　　　　　B.雪水　　　　　　　　C.泉水　　　　　　　　D.雨水

2.《红楼梦》第四十一回"栊翠庵茶品梅花雪,怡红院劫遇母蝗虫"中的饮茶场景描写了妙玉的(   )。

　A.择茶之道　　　　　B.择水之道　　　　　　C.择器之道　　　　　　D.品饮之道

3.陆羽《茶经》指出:其水,用(   )。

　A.山水上　　　　　　B.江水中　　　　　　　C.井水下　　　　　　　D.河水下

4.现今饮茶取水要点中,下列选项正确的是(   )。

　A.泡茶用水最好要"活"　　　　　　　　　　B.泡茶用水最好要"甘"

　C.泡茶用水最好要"清"　　　　　　　　　　D.泡茶用水最好是南泠泉水

任务三　了解中国的名泉

▶▶▶ ‖任务引入‖ ⋯⋯⋯⋯

　　好茶配甘泉,香茗自淳美。自陆羽以来,历代茶人都热衷于探访名山名泉,竞相评论后记载于书籍之中。唐代张又新在《煎茶水记》的卷首列出唐代名士刘伯刍所品七水,卷后列出陆羽向李季卿口述的二十水。清代乾隆皇帝是爱茶之人,对于名泉的评判有其独到的标准。虽评价标准不尽相同,但有些名字在历代名泉榜单中重复出现,值得我们研究。

一、谷帘泉

谷帘泉,位于江西省九江市庐山主峰大汉阳峰南面康王谷。据《煎茶水记》中记载,茶圣陆羽游历名山大川,到庐山取谷帘泉之水烹茶后,将其评为天下第一泉,并为其题词"泻从千仞石,寄逐九江船"。

得到茶圣认可后,谷帘泉声名鹊起,为爱茶的文人雅士推崇乐道。宋代学者王禹偁作《谷帘泉序》,说到此泉水"其味不败,取茶煮之,浮云散雪之状,与井泉绝殊"。陆游称其"甘腴清冷,具备众美。非惠山所及"。

庐山不仅有谷帘泉,还有庐山云雾茶,当地水泡当地茶,二者相得益彰,互相增色。

二、中泠泉

中泠泉,又名南泠泉,位于江苏省镇江市金山寺外。唐代名士刘伯刍将其评为天下第一泉。中泠泉水绿如翡翠,浓似琼浆,相传有"盈杯不溢"之说,贮泉水于杯中,水虽高出杯口几分却不溢出。

《金山志》记载:"中泠泉在金山之西,石弹山下,当波涛最险处。"当时的中泠泉位于波涛汹涌的江心,时出时没,汲取其泉水极不容易。清咸丰、同治年间,由于江沙堆积,金山与南岸陆地相连,泉口也随金山登陆。后人在泉眼四周叠石为池,建造石栏。池南建亭,取名"鉴亭",是以水为镜、以泉为鉴之意。池北建楼,楼上楼下为茶室,环境幽静,是游客品茗的最佳去处。

南宋文天祥饮过中泠泉后,豪情奔放赋诗一首:"扬子江心第一泉,南金来此铸文渊。男儿斩却楼兰首,闲品茶经拜羽仙。"清代王仁堪题在池南石栏上的"天下第一泉"五个遒劲大字,时至今日还保留完整。

三、玉泉

玉泉,位于北京西郊玉泉山上。水清而碧,澄洁似玉,明代时已列为"燕京八景"之一。自清代之初,玉泉即为宫廷用水水源。乾隆在《玉泉山天下第一泉记》中说:"则凡出于山下而有列者,诚无过京师之玉泉,故定为天下第一泉。"

乾隆皇帝嗜茶爱水,对水的研究和品鉴有他独到的方法。据传,乾隆为评价水质好坏,命太监特制一个银质量斗,用以称量全国各处送来的名泉水样,称量的结果为:北京玉泉水每银斗重一两,最轻;济南珍珠泉水重一两二钱;镇江中泠泉水重一两三钱;无锡惠山泉水、杭州虎跑泉水均为一两四钱。故而可以看出,乾隆对好水的重要判断标准在于"轻"。

四、惠山泉

惠山泉,位于江苏省无锡市西郊惠山山麓锡惠公园内。在茶圣陆羽和唐代名士刘伯刍评定的宜茶之水中,惠山泉都排名第二。元代翰林学士、大书法家赵孟頫专为惠山泉书写了"天下第二泉"五个大字,至今仍保存在泉亭后壁上。北宋苏轼曾作"独携天上小团月,来试人间第二泉",可谓是千古绝唱。

相传唐武宗年间,宰相李德裕虽住在长安,但令地方官员特地为他运送三千里之外的惠山泉。唐朝诗人皮日休曾将此事和杨贵妃驿递荔枝之事相比,作诗讥讽:"丞相常思煮茗时,郡侯催发只嫌迟;吴关去国三千里,莫笑杨妃爱荔枝。"到了宋徽宗时,惠山泉已被列为贡品。

惠山泉不仅让唐代以来的文人墨客文思泉涌,在此处争相留下诗画墨迹,而且孕育了一位民间艺术家——阿炳,创作了名曲《二泉映月》。

五、虎跑泉

虎跑泉,位于浙江省杭州市西南大慈山白鹤峰下慧禅寺内,慧禅寺俗称虎跑寺。传说由老虎刨地作穴,带了几分神秘色彩。虎跑泉的泉眼两尺见方,泉水清澈明净,从山岩间汩汩涌出。

虎跑泉水质纯净,总矿化度每升仅为 0.02~0.15 克,含有 30 多种微量元素。泉水分子密度高,表面张力大,将硬币逐一投入盛满虎跑泉水的杯中,泉水渐渐高出杯沿 3 毫米也不会外溢。

历代诗人也留下了许多赞美虎跑泉水的诗篇,如"道人不惜阶前水,借与匏尊自在尝"。龙井茶、虎跑水被誉为杭州西湖双绝。凡来杭州旅游的人,都想品尝以虎跑泉水冲泡的西湖龙井茶。

六、珍珠泉

珍珠泉,位于山东省济南市泉城路北,泉水清澈上涌,状如珠串,长年不断,水质清碧甘冽,是烹茗的上等佳水。珍珠泉水略重于北京玉泉水,被乾隆皇帝评为第三泉。

清代王昶《游珍珠泉记》云:"泉从沙际出,忽聚忽散,忽断忽续,忽急忽缓,日映之,大者为珠,小者为玑,皆自底以达于面。"

▶ 任务测评

一、单项选择题

1. 陆羽所著的《茶经》中,有专门关于泡茶用水的论述,书中认为最宜泡茶的水是(　　)。

A. 泉水　　　　　　B. 井水　　　　　　C. 江水　　　　　　D. 河水

2. 我国五大名泉有中冷泉、趵突泉、惠山泉、虎跑泉和(　　)。

A. 观音泉　　　　　B. 玉泉　　　　　　C. 崂山泉　　　　　D. 谷帘泉

3. 中国人常说"君子之交淡如水",这里的"水"是指(　　)。

A. 茶水　　　　　　B. 泉水　　　　　　C. 井水　　　　　　D. 海水

4. 下列诗作中表达了以茶待客场景的是(　　)。

A. 苏轼《次韵曹辅寄壑源试焙新芽》　　　B. 乾隆《虎跑泉》

C. 杜耒的《寒夜》　　　　　　　　　　　D. 欧阳修《双井茶》

5. 唐代张又新(　　)记述了陆羽所评的天下二十泉的名次。

A.《茶录》　　　　　B.《茶疏》　　　　　C.《桐君录》　　　　D.《煎茶水记》

二、多项选择题

1. 现代泡茶用水在符合《生活饮用水卫生标准》的基础上,还要从哪些方面考量?(　　)

A. 软硬度　　　　　B. 酸碱度　　　　　C. 温度　　　　　　D. 水源

2. 茶叶色素包括水溶性与脂溶性两大类,水溶性茶叶色素主要是(　　)。

A. 花青素　　　　　B. 茶红素　　　　　C. 叶绿素　　　　　D. 茶黄素

3. 下列选项中属于茶艺六要素中"水之美"的内容有(　　)。

A. 重　　　　　　　B. 冽　　　　　　　C. 轻　　　　　　　D. 甘

4. 下列关于茶正确的说法有(　　)。

A. 喝茶可以提神、明目、解毒、除口臭　　　B. 茶树适合在干燥的环境中种植

C. 最早记载茶的著作是《神农尝百草》　　　D. 任何水源都可以冲泡茶叶

三、判断题

1. 宋徽宗通过称重来评定泡茶用水水质的高低。(　　)

2. 根据茶的水土相宜性,虎跑泉水适宜泡龙井茶。(　　)

3. 古人讲究烹茶择水的原因是从茶汤颜色、养生以及人文角度考虑的。(　　)

4. 为了纪念黄庭坚,把他当年汲水烹茶处命名为"玉川泉"。(　　)

5. 茶叶中的蛋白质含量约为 26%,极易溶于水,因此喝茶能很好地补充人体所需的蛋白质。(　　)

煎茶水记

唐·张又新

故刑部侍郎刘公讳伯刍,于又新丈人行也。为学精博,颇有风鉴,称较水之与茶宜者,凡七等:

扬子江南零(泠)水第一;

无锡惠山寺石泉水第二;

苏州虎丘寺石泉水第三;

丹阳县观音寺水第四;

扬州大明寺水第五;

吴松江水第六;

淮水最下,第七。

斯七水,余尝俱瓶于舟中,亲把而比之,诚如其说也。客有熟于两浙者,言搜访未尽,余尝志之。及刺永嘉,过桐庐江,至严子濑,溪色至清,水味甚冷,家人辈用陈黑坏茶泼之,皆至芳香。又以煎佳茶,不可名其鲜馥也,又愈于扬子南零殊远。及至永嘉,取仙岩瀑布用之,亦不下南零,以是知客之说诚哉信矣。夫显理鉴物,今之人信不迨于古人,盖亦有古人所未知,而今人能知之者。

元和九年春,予初成名,与同年生期于荐福寺。余与李德垂先至,憩西厢玄鉴室,会适有楚僧至,置囊有数编书。余偶抽一通览焉,文细密,皆杂记。卷末又一题云《煮茶记》,云代宗朝李季卿刺湖州,至维扬,逢陆处士鸿渐。李素熟陆名,有倾盖之欢,因之赴郡。至扬子驿,将食,李曰:"陆君善于茶,盖天下闻名矣。况扬子南零水又殊绝。今日二妙千载一遇,何旷之乎!"命军士谨信者,挈瓶操舟,深诣南零,陆利器以俟之。俄水至,陆以勺扬其水曰:"江则江矣。非南零者,似临岸之水。"使曰:"某棹舟深入,见者累百,敢虚给乎?"陆不言,既而倾诸盆,至半,陆遽止之,又以勺扬之曰:"自此南零者矣。"使蹶然大骇,驰下曰:"某自南零赍至岸,舟荡覆半,惧其鲜,挹岸水增之。处士之鉴,神鉴也,其敢隐焉!"李与宾从数十人皆大骇愕。李因问陆:"既如是,所经历处之水,优劣精可判矣。"陆曰:"楚水第一,晋水最下。"李因命笔,口授而次第之:

庐山康王谷水帘水第一;

无锡县惠山寺石泉水第二;

蕲州兰溪石下水第三;

峡州扇子山下有石突然,泄水独清冷,状如龟形,俗云虾蟆口水,第四;

苏州虎丘寺石泉水第五;

庐山招贤寺下方桥潭水第六;

扬子江南零水第七;

洪州西山西东瀑布水第八;

唐州柏岩县淮水源第九,淮水亦佳;

庐州龙池山岭水第十;

丹阳县观音寺水第十一;

扬州大明寺水第十二;

汉江金州上游中零水第十三,水苦;

归州玉虚洞下香溪水第十四;

商州武关西洛水第十五;未尝泥。

吴松江水第十六;

天台山西南峰千丈瀑布水第十七;

郴州圆泉水第十八;

桐庐严陵滩水第十九；

雪水第二十,用雪不可太冷。

此二十水,余尝试之,非系茶之精粗,过此不之知也。夫茶烹于所产处,无不佳也,盖水土之宜。离其处,水功其半,然善烹洁器,全其功也。李置诸笥焉,遇有言茶者,即示之。又新刺九江,有客李滂、门生刘鲁封,言尝见说茶,余醒然思往岁僧室获是书,因尽箧,书在焉。古人云:"泻水置瓶中,焉能辨淄渑。"此言必不可判也,力古以为信然,盖不疑矣。岂知天下之理,未可言至。古人研精,固有未尽,强学君子,孜孜不懈,岂止思齐而已哉。此言亦有裨于劝勉,故记之。

项目五

初识茶之器

　　茶与文人确有难解之缘,茶似乎又专为文人所生。茶助文人的诗兴笔思,有启迪文思的特殊功效。饮茶,可以说是老舍一生的嗜好。他认为"喝茶本身是一门艺术"。他在《多鼠斋杂谈》中写道:"我是地道中国人,咖啡、可可、汽水、啤酒、皆非所喜,而独喜茶。有一杯好茶,我便能万物静观皆自得。"老舍好客、喜结交。他移居云南时,一次朋友来聚会,请客吃饭没钱,便烤几罐土茶,围着炭盆品茗叙旧,来个"寒夜客来茶当酒",品茗清谈,属于真正的文人雅士风度!老舍的日常生活离不开茶,出国或外出体验生活时,总是随身携带茶叶。一次他到莫斯科开会,苏联人知道老舍爱喝茶,特意给他预备了一个热水瓶。可是老舍刚沏好一杯茶,还没喝几口,一转身服务员就给倒掉了,惹得老舍神情激愤地说:"他不知道中国人喝茶是一天喝到晚的!"这也难怪,喝茶从早喝到晚,也许只有中国人才如此。西方人也爱喝茶,可他们是论"顿"的,有时间观念,如晨茶、上午茶、下午茶、晚茶。莫斯科宾馆里的服务员看到半杯剩茶放在那里,以为老舍喝剩不要了,就把它倒掉了。这是个误会,是中西方茶文化的一次碰撞。

　　老舍有个习惯,就是边饮茶边写作。无论是在重庆北碚或在北京,他写作时饮茶的习惯一直没有改变过。创作与饮茶成为老舍先生密不可分的一种生活方式。茶在老舍的文学创作活动中起到了绝妙的作用。老舍1957年创作的话剧《茶馆》,是他后期创作中最为成功的一部作品,也是当代中国话剧舞台上最优秀的剧目之一,在西欧一些国家演出时,被誉为"东方舞台上的奇迹"。

(1)了解茶具的分类。

(2)了解常见茶具的名称及作用。

(3)了解各类茶具的特征。

(1)能熟练掌握各类茶具的使用方法。

(2)能够根据茶的不同品质特征选取茶具。

(3)在日常的茶艺服务中能够根据实际情况选择适宜的茶具。

(1)培养学生对于茶具之美的感知。

(2)培养学生的审美能力,弘扬传承茶艺之美。

≫➤ | 学前自查 | ......

你知道最古老的茶具是什么材质吗?	不知道	知道,＿＿＿＿＿	
你能说出几类茶具?	不知道	知道,＿＿＿＿＿	
你听说过青花瓷吗?	不知道	知道,＿＿＿＿＿	
你能说出几种茶具的名称?	不能	1种,＿＿＿	更多,＿＿＿
你在家用什么器皿泡茶?	一次性纸杯	玻璃杯	盖碗
你认为泡茶与选择相宜的茶具有无关联?	不知道	知道,＿＿＿＿＿	
你知道泡茶需要准备哪些茶具?	不知道	知道,＿＿＿＿＿	

任务一 茶具分类

≫➤ | 任务引入 | ......

"水为茶之母,器为茶之父",冲泡茶叶时,好的器皿是必不可少的,我们把用于饮茶的器具统称为茶具。中国茶具历史悠久、种类繁多,器具造型优美,既具实用价值,又有收藏价值,为历代饮茶爱好者和茶具收藏者所青睐。

1.茶具的分类

从材质上分,茶具可分为陶土茶具、瓷器茶具、金属茶具、玻璃茶具、竹木茶具、漆器茶具、搪瓷茶具、其他茶具等类别,详见表5-1。

表 5-1 茶具的分类

茶具分类	茶具材质及图片示例	茶具描述	主要产地	茶具特征
陶土茶具	陶土 	主要以高岭土、紫砂泥等原材料烧制而成的泡饮茶叶的专门器具	景德镇、佛山、淄博、潮州、唐山	聚香,不吸味,可冲泡各类茶
	紫砂 	由陶器发展而成,是一种新质陶器,由紫砂泥烧制而成	江苏宜兴	耐寒耐热,泡茶无熟汤味,能保真香
瓷器茶具	青瓷 	唐代越窑、宋代龙泉窑、官窑、汝窑、耀州窑等出产的都属于青瓷; 瓷质细腻,线条明快流畅,造型端庄浑朴,色泽纯洁,享有"青如玉、明如镜、声如磬"之美誉	浙江	青瓷色泽纯正、光亮通透,用来冲泡绿茶,有益汤色之美
	白瓷 	早在中国唐代就有"假玉器"之称,因色白如玉而得名	江西景德镇、福建德化等地	能直观地反映出茶汤的色泽
	黑瓷 	黑瓷也称天目瓷,是一项古老的制瓷工艺,是民间常见的釉色之一——施黑色高温釉的瓷器;黑瓷是在青瓷的基础上发展起来的瓷器	福建省建阳区	其着色剂主要是氧化铁,含量高达 8%,可软化水质

65

茶具分类	茶具材质及图片示例	茶具描述	主要产地	茶具特征
瓷器茶具	彩瓷	彩瓷茶具的品种花色很多,其中尤以青花瓷茶具最引人注目	江西景德镇、吉安、乐平,广东潮州、揭阳、博罗,云南玉溪,四川会理,福建德化、安溪等地	品种花色繁多,增强茶的艺术观赏性
	玲珑瓷	在坯上镂雕透空花纹,再用釉将花纹填平,镂雕出许多有规则的"玲珑眼",具有玲珑剔透、精巧细腻的特色,十分美观	江西景德镇	玲珑剔透、精巧细腻,赏心悦目,为品饮者增添乐趣
金属茶具	金属	由金、银、铜、铁、锡等金属材料制作而成的器具,是我国最古老的日用器具之一	早期出现于唐代宫廷,至今各地均有生产	富丽堂皇
玻璃茶具	玻璃	古人称之为流璃或琉璃,实际上是一种有色半透明的矿物质	浙江、江苏等地	质地透明,冲泡各类名茶可直观欣赏茶叶的动态美
竹木茶具	竹木	用竹木制作而成	四川省	环保性高,物美价廉,经济实惠

续表

茶具分类	茶具材质及图片示例	茶具描述	主要产地	茶具特征
漆器茶具	漆器	采割天然漆树汁液进行炼制，掺进所需颜料，制成绚丽夺目的器件，是我国古人的创造发明之一	福州市、北京市	轻巧美观，色泽光亮，明镜照人；不怕水浸，能耐高温、耐酸碱腐蚀
搪瓷茶具	搪瓷	将无机玻璃质材料通过熔融凝于基体金属上，与金属牢固结合在一起的一种复合材料	起源于古埃及，20世纪初在我国大量生产	坚固耐用，轻便，耐腐蚀
其他茶具	玉石	玉石、水晶、玛瑙等材料制作的茶具	新疆、河南、陕西等地	质地坚韧，晶莹剔透，色彩绚丽，主要作为工艺品欣赏
	塑料	由塑料制作的茶具	各地均有生产	可装多种饮用水、热饮、冷饮等，耐热不怕爆

2. 茶具的发展

新石器时期，我国就出现了用于饮水的陶土器皿。汉魏以前，茶具与食具、酒具通用。南北朝时期，茶具单独分离出来。唐代，茶具的制造到了高速发展时期，以瓷器为主。在王公贵族之间，以金、银、铜、锡为主的金属茶具开始流传使用。民间开始出现竹木茶具。同时，西方琉璃器皿传入中国，琉璃茶具开始出现。

宋朝开始，饮茶之风愈发盛行，茶具也有了进一步的发展。宋朝的茶具在种类和数量上与唐朝大致相同，因宋朝斗茶讲究茶汤表面泡沫的颜色，而泡沫的颜色由黑色茶具衬托效果最好，故而黑瓷茶具开始盛行。

明清时期，随着朱元璋"废团改散"制度的推行，散茶的冲泡法开始流行，由此催生出紫砂茶具。明清茶

具相比于唐宋茶具,在外形、色彩、材质及艺术价值上都有了很大的突破。紫砂和彩瓷的发展在明清达到了鼎盛时期。另外,明末清初以来,随着与外国的互通,搪瓷、玻璃等材质开始在茶具设计中被广泛应用。

随着现代制造技术的发展,除了传统材质的茶具,逐渐兴起了很多新工艺茶具。现代茶具中,主流茶具以瓷器、紫砂、玻璃为主,搪瓷、塑料及纸质茶具一般出现在公共场所,方便人们使用。

≫➡️ |任务测评| ......

一、单项选择题

1. 最古老的茶具是（　　）材质。

A. 金属　　　　　　　B. 玻璃　　　　　　　C. 陶土　　　　　　　D. 陶瓷

2. 从（　　）开始,茶具从食器中单独分离出来。

A. 唐朝　　　　　　　B. 南北朝　　　　　　C. 宋朝　　　　　　　D. 清朝

3. 唐代及以前,（　　）材质的茶具在王公贵族流传使用。

A. 陶瓷　　　　　　　B. 琉璃　　　　　　　C. 金属　　　　　　　D. 搪瓷

4. （　　）茶具体积较小,壶壁薄,保温性好,适合冲泡黑茶。

A. 竹木　　　　　　　B. 塑料　　　　　　　C. 玻璃　　　　　　　D. 紫砂

5. （　　）时期,随着"撮泡法"流行,紫砂茶具开始盛行。

A. 唐宋　　　　　　　B. 明清　　　　　　　C. 现代　　　　　　　D. 南北朝

6. （　　）茶具原料是天然漆树汁液再加上所需的颜料制作而成。

A. 紫砂　　　　　　　B. 塑料　　　　　　　C. 竹木　　　　　　　D. 漆器

7. （　　）茶具有坚固耐用、美观时尚的特点。

A. 玻璃　　　　　　　B. 搪瓷　　　　　　　C. 塑料　　　　　　　D. 竹木

8. 宋朝斗茶讲究茶面泡沫的纯白色,故而（　　）茶具开始盛行。

A. 白瓷　　　　　　　B. 彩瓷　　　　　　　C. 青瓷　　　　　　　D. 黑瓷

9. （　　）,西方琉璃器皿传入中国,琉璃茶具开始出现。

A. 汉代　　　　　　　B. 唐代　　　　　　　C. 明代　　　　　　　D. 现代

10. （　　）品种花色繁多,最出名的是青花瓷。

A. 白瓷　　　　　　　B. 彩瓷　　　　　　　C. 青瓷　　　　　　　D. 黑瓷

二、多项选择题

1. 《茶经》中主要在哪些部分描述涉茶所用的器具（　　）。

A. 二之具　　　　　　B. 三之造　　　　　　C. 四之器　　　　　　D. 七之事

2. 有关中国茶具演变的描述正确的是（　　）。

A. 铫即指茶炉,一般由细白泥制成,截筒形

B. 白瓷和青花瓷器逐渐成为茶盏主流是在瀹饮法普及之后

C. 明朝初期,宜兴紫砂壶异军突起,很快开始盛行

D. 紫砂壶若养护得当,日久之后,纵然注入清水,也会散发出幽淡茶香

3. 明清时期被称为茶具"双星"的是（　　）。

A. 陶器　　　　　　　B. 瓷器　　　　　　　C. 紫砂　　　　　　　D. 银器

4. 关于各类茶具描述正确的是（　　）。

A. 紫砂壶有着特殊"双重气孔",能吸附茶香,蕴蓄茶味,适宜泡乌龙茶

B. 瓷器茶具无吸水性,传热、保温性适中,能较好地体现各类茶的香气和韵味

C. 玻璃茶具质地透明、传热快、不透气,多用来冲泡有欣赏美感的茶叶

D. 保温杯泡茶,因可长时间保温,有利于茶叶内含物质的浸出

5.下列茶具选择不适宜的有(　　　)。

A.专业品茗会用纸杯泡茶　　　　　　B.大型会议用玻璃杯单杯冲泡千两茶

C.办公室用飘逸杯泡茶待客　　　　　D.餐前品茶用盖碗或同心杯

三、填空题

1.陶瓷茶具包括_____、_____、_____、_____四种类型。

2.唐代的民间茶具以_____材质为主。

3.黑瓷茶具中,最为出名的是_____。

4._____茶具有很强的观赏性,使用时茶汤清晰可见,适合冲泡绿茶、花茶。

5._____茶具,色彩鲜明,形式种类繁多,而且质地轻薄便于携带。

6._____采用紫砂泥烧制而成。

7._____饮茶之风盛行,便开始流行玉石茶具。

8.由金、银、铜、铁、锡等材料制成的器具,统称为_____茶具。

9.彩瓷又分为_____和_____。

10._____茶具白里泛青,造型多变,使用最为普遍。

任务二　掌握茶具使用

≫→ | 任务引入

现代茶具按照使用功能可分为六大类,即备水器具、备茶器具、主茶具、辅助器具、泡茶席、装饰用品等。

一、备水器具

备水器具详见表5-2。

表5-2　备水器具

器具名称及图片示例	器具描述	器具功能	选用技巧
净水器	一种净化水质的电器	净化后使水的pH值小于7	按照泡茶需要量和水质要求挑选
煮水壶	煮水器具,又称水注	盛放净水	(1)材料有不锈钢、玻璃、金属、瓦质等; (2)可根据个人喜好和不同的茶席选择

器具名称及图片示例	器具描述	器具功能	选用技巧
茗炉  煮茶器	煮茶器	加热	（1）有电炉、酒精炉、木炭炉等； （2）具有观赏效果，可根据场合选择
随手泡	电热烧水壶	烧开水	（1）一般为 304 不锈钢材质，加热时间短，简单实用； （2）多为茶馆、教学使用
保温瓶	一种贮水的器具	主要用来保温、储备沸水	可选择造型小巧、保温效果好的
水盂	盛放废水的器皿	暂时存放废水	选择时注意与茶席、茶具配套

二、备茶器具

备茶器具详见表 5-3。

表 5-3　备茶器具

器具名称及图片示例	器具描述	器具功能	选用技巧
茶样罐	放置茶样的罐子	盛放茶样	（1）一般容量为 30～50 毫升； （2）尽量选择透明的器皿，方便观赏茶样

器具名称及图片示例	器具描述	器具功能	选用技巧
储茶罐（瓶）	储存茶叶的罐子	储存茶叶，防潮防蛀	（1）装少量茶叶，选择密封性好、避光的罐子； （2）根据不同茶类选择适宜材质、大小的储茶罐
茶瓮（箱）	一种储存茶叶的用具，体积较大	用于长期存放茶叶	（1）材质多为粗陶、紫砂、竹木等； （2）容量大，可用于长期存放茶叶； （3）根据茶类不同选择不同的材质

三、主茶具

主茶具详见表5-4。

表5-4　主茶具

器具名称及图片示例	器具描述	器具功能	选用技巧
盖碗	别名三才杯，由碗、盖、托三部分组成，其中暗含天地人和之意	冲泡茶叶，可冲泡六大茶类及花茶	（1）多为陶瓷质地，也有紫砂、玻璃等材质； （2）可根据个人喜好、茶席选择； （3）根据饮茶人数选择容量大小
茶壶	茶壶是一种带壶嘴器皿，由壶盖、壶身、壶底、壶把四部分组成	多用于冲泡嫩度不高的茶叶	（1）一般有玻璃、陶瓷、粗泥、金属等材质； （2）可根据饮茶人数来选择茶壶的容量

器具名称及图片示例	器具描述	器具功能	选用技巧
茶杯	有有把、无把、有盖、无盖之分	冲泡、盛放茶水	(1)有玻璃、紫砂、金属等材质，可根据个人喜好选择； (2)方便携带； (3)适合单人单杯使用
公道杯	又名茶海，盛放冲泡好的茶汤的器皿	放置冲泡好的茶汤，用来分茶	(1)一般选择透明玻璃材质，便于观赏茶汤颜色； (2)按照个人喜好、茶席等选择
品茗杯	品茗所用的小杯子	盛放个人所喝的茶汤	(1)一般选用白瓷内壁，便于观赏汤色； (2)以握拿舒服、入口顺畅为佳； (3)可根据个人喜好选择外形
闻香杯	用于闻嗅茶香的器具	聚香，方便闻香	适合品饮高香类茶
杯托	放置品茗杯或闻香杯	方便拿取杯子、美观	(1)有金属、竹木等材质； (2)可根据茶席选择； (3)通常六个为一套

器具名称及图片示例	器具描述	器具功能	选用技巧
茶盘	用来放置茶壶、茶杯等器皿	整洁,收纳,避免弄脏台面	（1）材质多为竹木、石器、紫砂等； （2）一般有干湿之分,可根据个人喜好选择

四、辅助茶具

辅助茶具详见表5-5。

表5-5　辅助茶具

器具名称及图片示例	器具描述	器具功能	选用技巧
茶筒	茶道六君子之一,形似笔筒的器皿	放置茶夹、茶则、茶针、茶漏、茶匙	（1）有竹木、金属等材质； （2）一般为瓶形、方形、直筒形
茶夹	茶道六君子之一	烫杯时代替手夹取杯具,保证卫生,也可夹取叶底	（1）有竹木、金属等材质； （2）以拿捏舒服、方便使用为佳
茶则	茶道六君子之一,盛取干茶的小勺子	用来量取茶叶	（1）多为竹木制品； （2）方便使用为佳

茶艺与茶文化

器具名称及图片示例	器具描述	器具功能	选用技巧
茶针	茶道六君子之一,细长的针状物品	用来疏通被茶渣堵住的壶嘴等	(1)有竹木、金属等材质; (2)方便使用为佳
茶漏	茶道六君子之一,将茶叶放进壶中的圆形小漏斗	防止茶叶外漏	(1)多为竹木制品; (2)与茶滤不同,茶漏中间无滤网
茶匙	茶道六君子之一,细长型	用来拨取茶叶	(1)有竹木、金属等材质; (2)方便使用为佳
壶承	摆放茶壶的器皿	承接茶壶溢出来的水	材质、造型多样,可根据个人喜好、茶席选择
茶巾	一般为正方形的棉织物或麻织物	吸水、擦洗茶具	选用吸水性强的制品为宜

器具名称及图片示例	器具描述	器具功能	选用技巧
茶荷	多为有引口的半球形泡茶器皿	用于观赏茶叶	多为陶瓷、竹木等材质
奉茶盘	盛放茶具的托盘	放置品茗杯，方便奉茶	(1)多为木材、塑料等材质； (2)方便拿放即可
茶滤和茶滤架	泡茶时放置于公道杯口的滤网	用于过滤茶汤里的碎茶末	(1)材质多样，可根据个人喜好选择； (2)定期清理茶渣，注意卫生
茶叶秤	小巧、精确到克的电子秤	精准称取茶叶	(1)样式多样，可根据个人喜好选择； (2)注意秤的准确度
杯套	用于装放品茗杯的布袋子	保护杯子	(1)一般材质为棉麻布料； (2)根据杯子大小选择尺寸； (3)根据个人喜好选择款式

五、泡茶席

泡茶席详见表5-6。

表5-6　泡茶席

器具名称及图片示例	器具描述	器具功能	选用技巧
茶水柜	一种多功能泡茶桌	不用时可以折叠成一个柜子	(1)多为木质; (2)选择时注意与主茶桌配套
条桌	适合泡茶的长桌	泡茶时使用的桌子	(1)有木材、石材等材质; (2)选择适合的尺寸,方便操作
条席	品茶时可坐多人的长凳子	适合多人坐,无靠背	(1)材料多为木材、金属、石材等; (2)选择时注意与主茶桌配套
茶凳	泡茶时单人坐的凳子	泡茶或喝茶使用的单人座椅	(1)材料多为木材、金属、石材等; (2)选择时注意与主茶桌配套
坐垫	一种软垫子	泡茶时方便主泡采用坐姿或跪姿	(1)有草编、木质或棉麻材质; (2)一般搭配矮茶桌使用

六、装饰用品

装饰用品详见表5-7。

表 5-7　装饰用品

器具名称及图片示例	器具描述	器具功能	选用技巧
茶席	点缀、装饰茶桌的布	装饰茶桌	
挂画	挂于墙上的书画作品	雅致且赏心悦目	（1）可随季节、场景、主题等选择搭配； （2）装饰用品要与茶席相协调； （3）适当点缀装饰物，不可喧宾夺主
花器	用于插花的器皿	装饰茶席，提升氛围感	
屏风	遮挡或装饰空间的物品	起到分隔空间的功能	

任务测评

一、单项选择题

1. 取茶的工具是（　　　）。
A. 茶则 　　　　　　B. 茶针 　　　　　　C. 茶漏 　　　　　　D. 茶夹

2. 以下哪个不是主茶具中的物品（　　　）。
A. 盖碗 　　　　　　B. 品茗杯 　　　　　C. 茶壶 　　　　　　D. 花器

3. （　　　）放置品茗杯或闻香杯。
A. 杯托 　　　　　　B. 壶承 　　　　　　C. 茶盘 　　　　　　D. 茶船

4. （　　　）别名三才杯，由碗、盖、托三部分组成，其中暗含天地人和之意。
A. 茶壶 　　　　　　B. 公道杯 　　　　　C. 品茗杯 　　　　　D. 盖碗

5. 以下哪个不是茶席中常见的装饰用品（　　　）。
A. 花器 　　　　　　B. 挂画 　　　　　　C. 茶席 　　　　　　D. 水盂

6. 倒置废水的器皿是（　　　）。
A. 壶承 　　　　　　B. 水盂 　　　　　　C. 保温瓶 　　　　　D. 花器

7. 用于装放品茗杯的布袋子是（　　　）。
A. 茶巾 　　　　　　B. 杯套 　　　　　　C. 茶船 　　　　　　D. 杯托

8. （　　　）是用来取茶叶的细长小勺子。
A. 茶则 　　　　　　B. 茶针 　　　　　　C. 茶匙 　　　　　　D. 茶漏

9. （　　　）是插花的器皿，常用来装饰茶席，提升氛围感。
A. 茶席 　　　　　　B. 水盂 　　　　　　C. 花器 　　　　　　D. 挂画

10. 净水器是一种净化水质的电器，净化后使水的 pH 值小于（　　　）。
A. 1 　　　　　　B. 13 　　　　　　C. 7 　　　　　　D. 10

二、填空题

1. 茶海又名_____。

2. _____是烧水煮茶的器物。

3. "随手泡"就是_____。

4. 茶道六君子包括_____、_____、_____、_____、_____、_____。

5. 喝茶所用的小杯子，称作_____。

6. _____能起到分隔空间的功能。

7. _____用来放置茶壶，承接茶壶溢出来的水。

8. _____不用时可以折叠成一个柜子。

9. 泡茶时人坐的凳子是_____。

10. _____是用来储存茶叶、防潮防蛀的罐子。

三、判断题

1. 根据《茶经》记录，陆羽精心设计了专用的饮茶器具。（　　　）

2. 为了体现对客人的尊敬，泡茶器具越贵越好。（　　　）

3. 选择茶具的原则：宜茶、美观、洁净、和谐。（　　　）

4. 凡在茶事过程中与茶叶、茶汤直接接触的器物均属于茶具。（　　　）

任务三 学习茶具选配

》→ ┃任务引入┃ ‥‥‥‥

古往今来,爱茶人在实践中逐渐发现茶具选配的得当与否会直接影响泡茶、品茶的效果。不仅要选好茶、择好水,还要选配好茶具。在历史上,因茶选具的记载很多,人们会因茶选具、因地制宜、因人选配。

一、根据茶具特征选配

1. 瓷质茶具

瓷器土质细腻,烧结温度高;胎质较薄,敲击声音清脆。由于瓷器表面光洁致密,所以不吸水不吸味。并且,瓷质茶具传热快、不吸香,能把茶的风味淋漓尽致地表现出来,泡出的茶香高味鲜。

因为这些特质,瓷质茶具(见图 5-1)特别适合冲泡风格清扬的茶:原料较嫩的绿茶、花香型红茶、清香型乌龙茶(如铁观音)、白茶的新茶(如白毫银针)等。

2. 陶质茶具

陶器土质沙粒感强,烧结温度低;胎质较厚,敲击声音沉闷。由于表面气孔多,容易吸水吸味;同时,因为密度小,所以传热慢,保温效果好。茶汤在陶器内壁的气孔中进进出出,与陶土中的一些矿物元素发生反应,茶的醇厚韵味会更加凸显。

因此,陶质茶具(见图 5-2)适合冲泡一些风格厚重的茶:普洱、蜜香型红茶、醇厚型乌龙茶(如武夷岩茶、重焙火台湾乌龙茶)、老白茶(如寿眉)等。

图 5-1 瓷质茶具

图 5-2 陶质茶具

3. 紫砂茶具

紫砂茶具(见图 5-3)虽属于陶器,但与普通的陶器不一样,紫砂茶具的内部和外部皆不敷釉,而是采用紫泥、红泥和团山泥经过抟制和焙烧制作而成。

由于优质的紫砂土和独特的双气孔结构,吸水性强,透气性极佳,紫砂茶具对茶汤有一定的润色作用,适合泡风味厚重的茶,尤其是重发酵、重焙火的茶以及老茶,如普洱老茶、老白茶、黑茶等。

4. 玻璃茶具

玻璃是一种有色、透明或半透明且不透气的物质,具有非常强的可塑性。玻璃茶具(见图 5-4)无可替代的特点就是透明。透过玻璃,可以观赏到茶汤的颜色、茶叶的形态,不管是玻璃茶壶、玻璃公道杯,还是玻璃茶杯,观赏性都很强。然而,玻璃茶具质地脆、容易破碎,且传热迅速,保温性差,茶的香气也易散失,因此使用玻璃茶具冲泡出的茶最好尽快饮用完。

玻璃茶具适合冲泡的茶类:绿茶、花茶等。

图 5-3　紫砂茶具

图 5-4　玻璃茶具

二、根据茶叶特征选配

1. 绿茶

绿茶属于不发酵茶,茶叶本身细嫩、新鲜、香气馥郁,且不耐高温,正常情况下,宜用 80～85℃的水温冲泡,现泡现饮。最佳选择是用玻璃杯或瓷材质的盖碗冲泡绿茶。玻璃杯冲泡,可以观看到茶叶在水中的沉浮,观赏"茶舞",别有一番意趣。白瓷盖碗因其色泽洁白、晶莹,能更好地衬托出绿茶茶汤的嫩绿明亮。

2. 黄茶

黄茶属于轻发酵茶,茶质细嫩,水温太高会把茶叶烫熟,所以冲泡温度最好在 85～90℃为宜。冲泡黄茶,第一泡的最佳冲泡时间为 30 秒,第二泡延长到 60 秒,第三泡再延长至 2 分钟左右,这样泡出来的茶汤口感更佳。最好用玻璃杯或瓷杯冲泡黄茶,尤以玻璃杯泡君山银针为最佳,可欣赏茶叶似群笋破土,缓缓升降,堆绿叠翠,有"三起三落"的妙趣奇观。

3. 红茶

红茶是全发酵茶,最好用盖碗,能泡出它的原味。所以在试茶样时,都是用盖碗,方便闻香,能够准确地评判出茶的优缺点。

4. 乌龙茶

乌龙茶属半发酵茶,如铁观音、大红袍等。泡乌龙茶一定要用 100℃的沸水,乌龙茶的投茶量比较大,茶叶基本上占据所用壶或盖碗的一半或更多空间,冲泡后需加盖。浓香型或焙火程度较重的乌龙茶,适合用紫砂壶冲泡,可品味其深厚的韵味。而清香型乌龙茶,适合用盖碗冲泡,有助于展现其高扬的清香。

5. 白茶

白茶属微发酵茶。由于白茶原料细嫩,叶张较薄,所以冲泡时水温不宜太高,一般掌握在 85～90℃为宜。白茶冲泡宜用透明玻璃杯或透明玻璃盖碗,透过玻璃杯可以尽情欣赏白茶在水中的千姿百态,品其味、闻其香,更能赏其叶白脉翠的独特魅力。

6. 黑茶

黑茶属后发酵茶,需要 100℃的水冲泡。第一次冲泡,10 秒钟之内快速洗茶,然后把茶水倒掉,再倒入开水,盖上杯盖。紫砂壶、盖碗都可以冲泡黑茶。

>> **任务测评**

一、单项选择题

1. 紫砂茶具的特点是（　　）。
   A. 可塑性、透气性、保温性好、美观性　　　　B. 透气性、保温性好、美观性、经久耐用
   C. 可塑性、透气性、保温性好、经久耐用　　　D. 可塑性、美观性、保温性好、经久耐用

2. 一件刚买的紫砂壶需要最先处理的工艺是（　　）。
   A. 将紫砂壶放进铁锅中煮上一段时间　　　　B. 将紫砂壶直接放入茶叶冲泡，然后倒掉
   C. 用沸水将壶身内外淋一下，清洗晾干　　　D. 以上的答案都不正确

3. 紫砂茶具发展的高峰期为（　　）。
   A. 唐中期　　　　　　B. 宋末　　　　　　C. 万历到明末　　　　D. 元末

4. 唐代及以前的民间茶具以（　　）为主。
   A. 陶瓷　　　　　　　B. 紫砂　　　　　　C. 竹制　　　　　　D. 石制

5. "南青北白"中"南""北"分别指（　　）。
   A 浙江、河北　　　　B. 广东、陕西　　　C. 浙江、陕西　　　D. 广东、河北

6. 在明代以后发明的茶具有（　　）。
   A. 盏盖、茶壶　　　　B. 茶瓶、茶壶　　　C. 盏盖、茶瓶　　　D. 茶瓶、茶盖

7. 以下地名有陶都之称的是（　　）。
   A. 景德镇　　　　　　B. 宜兴　　　　　　C. 建安　　　　　　D. 杭州

8. 现代日本茶道文化协会负责人森本司郎在其所著的（　　）中认为：正是中国的"斗茶"哺育了日本的茶道文化。
   A.《茶道》　　　　　B.《茶史》　　　　C.《茶史漫画》　　　D.《茶具图赞》

9. 日本国内形成"茶道"是在哪个时期由中国传入的？（　　）
   A. 北宋　　　　　　　B. 南宋　　　　　　C. 唐代　　　　　　D. 明代

10. 宜兴紫砂茶具传入日本的时期为（　　）。
    A. 唐代　　　　　　　B. 宋代　　　　　　C. 明代　　　　　　D. 清代

二、填空题

1. 陆羽《茶经》中"四之具"中列举了各种茶具共_____种。

2. 烧制紫砂茶具的泥料有_____、_____、_____三种。

3. 现代饮茶经过简化，在潮汕、闽南一带流行的工夫茶形成了"烹茶四宝"：
   _____、_____、_____、_____。

4. 瓷质茶具包括_____、_____、_____、_____四种类型。

5. 使用金属茶壶作为日常生活中主要饮茶器具的地区或民族有_____、_____、_____。

三、判断题

1. 瓷质茶具有"白如玉、明如镜、薄如纸、声如磬"等特点。（　　）

2. 整个清代，宜兴的陶瓷造艺达到了最高水平。（　　）

3. 白瓷茶具具有致密透明，无吸水性，音清而韵长等特点。（　　）

4. 黑瓷茶具，始于中唐，鼎盛于宋，延续于元，衰微于明、清。（　　）

5. 茶具是从食具和酒具中分离出来的。（　　）

6. 福建地区爱用玻璃杯冲泡乌龙茶。（　　）

7. 茶具选配时应以华美为最高境界。（　　）

8. 选择茶具的原则：宜茶、美观、洁净、和谐。（　　）

项目六
浅析茶之席

喝茶有深意

　　"有好茶喝，会喝好茶，是一种'清福'。不过要享这'清福'，首先就须有工夫，其次是练习出来的特别的感觉。"鲁迅在《喝茶》这篇杂文中说的这段话，道出了他的喝茶观。鲁迅在文章中还说了这样一件事：一次，他买了二两好茶叶，开首泡了一壶，怕它冷得快，用棉袄包起来，却不料郑重其事地来喝时，味道竟与他一向喝的粗茶差不多，颜色也很重浊。他发觉自己的冲泡方法不对，喝好茶，是要用盖碗的，于是用盖碗冲泡。果然，泡了之后，色清而味甘，微香而小苦，确是好茶叶。但是，当他正写着《吃教》的中途，拿来一喝，那好味道竟又不知不觉地滑过去，像喝着粗茶一样了。于是他知道，喝好茶须在静坐无为的时候，而且品茶这种细腻锐敏的感觉得慢慢练习。

　　鲁迅先生生长在茶乡绍兴，喝茶是他的终身爱好。所以在他的文章和日记中，提及茶事甚多。作为一个伟大的文学家、思想家，一生淡泊，关心民众，他以茶联谊、施茶于民的精神，更为中华茶文化增辉。

(1)认识茶席,了解茶席设计的历史由来。

(2)掌握茶席设计的基本构成要素。

(3)掌握茶席结构、背景等设计技巧。

(1)能熟练选择茶具及配件进行茶席设计。

(2)能选择合适的服装和背景音乐配合表达茶席的含义及意境。

(3)能根据实际要求自行设计主题茶席,并编写文案。

(1)感知茶席之美。

(2)培养创新精神。

学前自查

什么是茶席?			
你知道茶席起源于哪个朝代吗?	不知道	知道,_____	
你在生活中见过茶席吗?	没有	有,_____	
你能说出不同类型的茶席吗?	不能	能,_____	
你能说出生活茶席和艺术茶席的区别吗?	不能	能,_____	
你在布置茶席的时候会优先考虑哪方面的因素?	实用	美观	其他,_____
你认为茶席中最重要的部分是什么?	泡茶套组	装饰物	其他,_____
你能说出构成茶席的要素吗?	不能	能,_____	

任务一 初识茶席

任务引入

清代徐渭在《徐文长秘集》中列出他所认为的最佳茶境为"宜精舍,宜云林,宜永昼清娱,宜寒宵兀坐,宜松月下,宜花鸟间,宜清流白云,宜绿藓苍苔,宜素手汲泉,宜红妆扫雪,宜船头吹火,宜竹里飘烟。"可见,茶人对于饮茶的环境颇有讲究,茶席便由此而来。

一、茶席的概念

茶席起源于我国唐代,从诞生之初,就是茶人阐释自己对茶的理解的一种载体(见图 6-1)。席,指用芦苇、竹篾、蒲草等编成的坐卧垫具,如竹席、草席、苇席、篾席等,可卷而收起。后引申为座位、席位、座席。

浙江大学茶学系教授童启庆在其主编的《影像中国茶道》中指出:茶席,是泡茶、喝茶的地方,包括泡茶的操作场所、客人的座席以及所需气氛的环境布置。

中国茶叶博物馆研究员周文棠在《茶道》一书中归纳如下:茶席是沏茶、饮茶的场所,包括沏茶者的操作场所,茶道活动的必需空间、奉茶处所、宾客的座席、修饰与雅化环境氛围的设计与布置等,是茶道中文人雅艺的重要内容之一。

狭义的茶席是指茶事活动中用具的布置和摆放。广义的茶席是指泡茶、喝茶的地方。包括泡茶的操作场所、客人的座席、所需气氛的环境布置以及习茶、饮茶的桌席。它是以茶具为素材,并与其他器物及艺术相结合,展现某种茶事功能或表达某个主题的艺术组合形式。(见图6-2)

图6-1　古代茶席

图6-2　茶席

二、茶席的特征

1. 实用性

茶席作为一种物质形态,其根本目的是品茶。因此,茶席最重要的特征就是实用性。布置茶席,首先要考虑布置的内容是否符合泡茶的程序,布具是否符合人体工学。

2. 艺术性

茶席同时也是一种艺术形态,它代表着茶人对生活的热爱以及对美的追求。因此,在茶席设计时,要考虑视觉上的美感,可以通过背景、插花、工艺品等的搭配和烘托,最终使茶席和谐雅致,赏心悦目。

3. 独立性

茶席相对于茶艺有其独立性,在茶艺表演前后都可以独立展示、供人欣赏。从另一个层面来讲,每款茶席设计表达的主题也是独立的。

4. 综合性

作为融合了茶台、茶具、茶品、插花、工艺品等的综合体,茶席中的每一个物品都是围绕着茶席的主题而存在的,每一件都不可或缺,这就是茶席综合性的体现。

三、茶席的分类

1. 根据所处环境来分类

按照所处环境不同,茶席可以分为户外茶席和室内茶席。

1)户外茶席

自古以来,文人雅士便忠爱于寄情山水。唐代诗人灵一在《与元居士青山潭饮茶》中描绘到"野泉烟火白云间,坐饮香茶爱此山"。宋代的茶画中经常描绘在山水间设茶席的场景。明代许次纾在《茶疏》中将小桥画舫、茂林修竹、荷亭避暑、小院焚香、清幽寺观、名泉怪石等归为适宜设茶席的地点。清代画家陈洪绶在《品茶图轴》(见图6-3)中再现了蕉叶铺地、奇石为台的清雅茶席,其中乐趣,令人神往。

2016年9月3日,在G20杭州峰会召开前夕,习近平总书记与时任

图6-3　《品茶图轴》(清　陈洪绶)

美国总统奥巴马在西湖国宾馆的凉亭喝茶并在湖边漫步(见图6-4)。2018年4月27日,习近平总书记同印度总理莫迪在武汉进行非正式会晤,两国领导人在东湖之畔品茗、散步、茶叙(见图6-5)。在习总书记这两次茶叙外交活动中,户外茶席都营造出了轻松愉快的氛围。

图6-4 户外茶席(1)

图6-5 户外茶席(2)

2)室内茶席

相较于户外茶席,室内茶席不受天气、光线和环境的影响,可人工雕琢的地方更多,设施更完善,实用性更强。明代冯可宾在《齐茶笺》中提到茶有十三宜:无事、佳客、幽坐、吟咏、挥翰、徜徉、睡起、宿醒、清供、精舍、会心、赏鉴、文童。其中"清供""精舍"便是室内茶席的描绘。(见图6-6)

中国自古以来就有客来敬茶的传统美德,有客来访,主人泡茶、敬茶是必不可少的礼节。为表达对客人的尊敬,要做到干净整洁、光线明亮、通风透气。

2. 按使用习惯来分类

由于行茶者持壶注水的习惯用手不同,茶席可以分为左手席和右手席。由左手持壶注水的茶席,称为左手席;由右手持壶注水的茶席,称为右手席。除了布具方位不同之外,左手席上的行茶要遵循顺时针方向,右手席上的行茶方向则要以逆时针进行,这其中暗合了太极的意象。

3. 按席面干湿来分类

茶席按席面干湿可以分为干泡茶席和湿泡茶席,也称干泡台和湿泡台。最直观的判断方法就是观察茶席上有没有茶盘,或者说茶水能否直接倒在席面上。

湿泡台是我国传统的茶席。潮汕工夫茶素有中国茶道活化石之称,盛行于我国闽粤地区,影响着我国台湾地区和日本的饮茶习俗。潮汕工夫茶的茶席就是湿泡茶席,淋壶、冲杯和斟茶都在茶盘上直接操作,茶壶和三只茶杯就放置在茶盘上,整个过程水汽氤氲。

湿泡台发展至今,茶盘也越来越大,常见的材质有电木、乌金石等,尺寸多样,一般在中间有多道水槽,茶盘一角通软管排水。湿泡台的优点是洗茶、淋壶都非常方便。(见图6-7)

图6-6 室内茶席

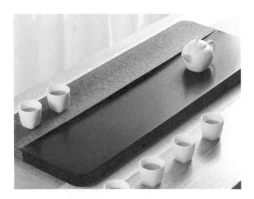

图6-7 湿泡台

干泡茶席则没有排水功能,不使用茶盘,取而代之的是壶承,废弃茶水要放在水盂中。干泡台的优点是简单大方,便于携带,即使出门在外都可以随时随地布置开来,还能根据环境和心情随时更换茶巾和茶席的款式,增添了布置茶席的乐趣。同时,因为干泡茶席要求在行茶过程中保持席面干爽、整洁,故而对于茶人来说要求更高。(见图6-8)

4. 按用途来分类

茶席按用途可以分为生活茶席和艺术茶席。

生活茶席主要用于满足人们日常品茶与美感的需求,使用的茶具比较简单,主要由茶具、茶叶、茶点组成。有条件的家庭可以专门辟出一间茶室,当然,客厅的茶几、阳光充足的飘窗和阳台都是布置生活茶席的不错选择。(见图6-9)

图6-8 干泡台

图6-9 生活茶席

在经营性质的茶楼中,茶席除了满足日常品茶需求外,还承担了茶叶介绍、推荐和茶艺表演的功能。相较于家庭布置的茶席而言,茶楼布置的茶席装饰更多,但也属于实用型的生活茶席。

艺术茶席具有艺术表演展示的性质,一般出现在茶艺表演展示和各项茶席设计比赛中,通常使用多种元素来凸显设计感和艺术性。(见图6-10)

图6-10 艺术茶席

任务测评

一、单项选择题

1. 文人茶艺对室内品茗环境要求以(　　　)为摆设。

A. 文房四宝　　　　　B. 书、花、香、石、茶具　　C. 梅、兰、竹、菊　　　　D. 简洁、朴素的家具

2. 在寺庙僧侣中流行的禅师茶艺倡导(　　　)的禅宗文化思想。

A. 宁静空无　　　　　B. 静省序净　　　　　　C. 俭清和静　　　　D. 吃茶去

3. 关于茶馆的记载,最早见于唐代的(　　　)。

A.《封氏闻见记》　　　B.《茶经》　　　　　　C.《大观茶论》　　　D.《煎茶水记》

4.文人茶艺一般选用汤味淡雅,制作精良的(　　)、顾渚茶。

A.龙井　　　　　　　　B.黄山毛峰　　　　　　C.天目山茶　　　　　　D.阳羡茶

5.民俗茶艺表演的文化特色有(　　)。

A.茶歌、茶舞　　　　　　　　　　　　　B.茶叶、茶具

C.客来敬茶的礼节　　　　　　　　　　　D.独特的泡茶方式、民族风俗、民族服饰

二、多项选择题

1.对于人们在茶事活动中"静、净、敬"的描述正确的是(　　)。

A."静"既指环境,又指内心,"茶中静品"是怡养心灵的理想方式

B."静、净"的品茶会让人不思进取

C."净"指用水洗去内心的纷"争",净则清,清则明

D."敬"即如若"苟且",则"鞭"之,对自然、生命心怀恭敬,才能不虚度年华,珍惜分秒

2.一个优秀的茶艺创新作品通常包括(　　)等几个方面。

A.茶席布置有新意　　　　　　　　　B.茶艺创新主体传递正能量

C.展示过程动作柔美协调　　　　　　D.将茶真正泡好

3.2014年以来,习近平总书记在国内多次以中国名茶招待外国元首,(　　)是习主席招待外国元首所用之茶。

A.茉莉花茶　　　　　B.利川红茶　　　　　C.西湖龙井　　　　　D.恩施玉露

4.中国茶道的思想内涵囊括了以下哪些精神、思想与理念?(　　)

A.天人合一　　　　　B.梵我一如　　　　　C.戒、定、慧　　　　　D.物我玄会

三、判断题

1.英国下午茶要求参会者着正装,言谈有礼。(　　　)

2.奉茶时要注意先后顺序,先长后幼,先客后主。(　　　)

任务二　学习茶席设计

》》　　任务引入

布好一方茶席,是一门以茶为媒介的生活艺术,是饮茶活动中形成的文化现象。它让人们在茶事活动中不仅能品味到茶的味道,还能受到美的熏陶,其过程体现为外在形式和内涵精神的相互统一。

茶席设计不是刻意"摆",而是精心"布",要追求"人、茶、水、器、境、艺"六要素的完美结合。

一、人

人是最重要的载体,是最根本的要素。首先,茶席的设计由人完成,人对于茶的理解程度以及对于艺术的感知会直接影响茶席的质量。其次,人是茶席的演绎者。行茶之人的一举一动也是茶席的动态之美。人之美需要内外兼修,既要仪容端庄、服饰得体,也要举止优雅,谈吐大方。

二、茶

茶不仅是茶席设计的核心,更是整个茶席设计的灵魂。茶席设计的目的就是充分地展示茶之美。所以,茶席设计的构思和主题都要紧紧地围绕着所选定的茶来展开。茶之美不仅体现在茶本身的外形、色泽、

香气和味美上,还体现在千百年来积累的茶名之美上。

1. 外形美

茶的外形千姿百态,有扁形、螺形、眉形、珠形、兰花形、雀舌形等。行茶之前可以引导客人观赏干茶之美,茶品在茶席中的摆放位置,要依据整体氛围和寓意来决定。用玻璃器皿冲泡时,也可以引导客人观赏器皿中茶叶上下翻飞的茶舞。

2. 色泽美

色泽方面,可以观赏干茶色泽、叶底色泽和汤色。茶艺师适当地引导客人来描述汤色,如:红浓透亮、橙红明亮、黄绿明亮等。

3. 茶香美

茶香有三闻:一闻干茶香,即在冲泡前将干茶传递给客人嗅闻;二闻湿茶香,即将经过温润泡的主泡器传递闻香;三闻杯底香,即将分茶后的公道杯传递闻香。

4. 茶名美

茶名美本质上是我国茶文化之美,而千百种茶名可以分为四种:第一种是地名加上茶树品种,可以让我们了解该茶的产地和品种,如武夷肉桂、永春佛手等;第二种是地名加上茶叶的形状,可以让我们了解该茶的产地和形状,如六安瓜片、君山银针等;第三种是地名加上美丽的想象,如庐山云雾、恩施玉露等;第四种是美妙的传说或典故,例如碧螺春原名"吓煞人香",相传康熙年间,"吓煞人香"作为贡茶进贡,康熙皇帝认为茶是极品,但名称不雅,看到该茶形状卷曲如螺,色泽碧绿,又采制于早春,便赐名"碧螺春"。

三、水

水为茶之母,好茶配好水方能更好地体现茶香茶味。郑板桥有一副对联就说明了水在古往今来茶人们心里的地位:"从来名士能评水,自古高僧爱斗茶。"欣赏水之美,一是品尝入口甘甜爽口的滋味美;二是观赏翻腾鼓浪、氤氲成烟、出水成线的姿态美;三是品味名泉之美,如镇江中冷泉、无锡惠山泉、杭州虎跑泉、济南趵突泉等。

四、器

饮茶器具的组合是茶席设计的基础,也是茶席构成的主体要素。茶具组合的表现形式具有整体性、涵盖性和独特性。挑选茶具组合时,需要考虑它们的质地、造型、体积、色彩和寓意等诸多方面。器之美不仅体现在外形之美、搭配之美上,而且体现在对茶汤的影响上。故而,挑选茶具的时候要因茶制宜、因时制宜、因地制宜。

茶具组合既可以按传统样式配置,也可以创意配置。另外,茶具在整体搭配过程中,还需要依据茶席类型、时代特征、民俗差异、茶性的不同而采取不同的配置。在茶具的形式和排列上,也需考虑对称性和协调性。

五、境

完美的品茶之境是环境、艺境和心境的结合。整洁、开阔、精美的环境可以对人的心理产生正面的影响,茶席设计的"境"主要影响因素有如下八种。

1. 背景

背景作为衬托茶席的要素,在茶席中发挥着重要的作用。茶席背景形式丰富多样,要符合茶席主题所设定的文化情境。

户外茶席的背景可选择山石、树木、竹子、自然景物或者造型合适的建筑物等,室内茶席的背景可以考虑用装饰墙面、窗、博古架、屏风、书画等。

总的来说,茶席背景要安静、干净,远离有异味和人来人往的场所。

2. 铺垫

铺垫是指茶席整体或局部物件摆放下的铺垫物,也是铺垫茶席的布艺类和其他物质的统称。铺垫在茶席中的作用:使茶席中的器物不直接触及桌面或地面,以保持器物的清洁;以自身的特征和特性,辅助器物共同表现茶席的设计主题。

1)铺垫的色彩

铺垫首先考虑的是色彩,一般认为素色为上,碎花次之,繁花为下。单色最能衬托茶具的色彩,常用的有黑色、深蓝色、暗红色、明黄色、绿色等,也可采用撞色来丰富茶席。

2)铺垫的质地

铺垫的质地应凸显出茶席的主题,可供选择的有竹编、棉、麻、绸缎、纱等材质,也可以选用自然的树叶、石头等。

3)铺垫的方法

铺垫的方法有平铺、叠铺、立体铺、帘下铺等。其中平铺的适用性最强,叠铺和立体铺比较有层次感。

当然,如果茶台本身就很美,也可以不使用铺垫。

3. 插花

茶席插花一方面使人心旷神怡,另一方面能辅助茶席主题的表达。茶席上的插花要遵循以下四个原则:

(1)花宜素雅,不求繁多;

(2)构图简洁,自然生动;

(3)疏密有致,虚实相生;

(4)力求线条美、构图美。

花器可以选择瓶、碗、盘、筒、篮等精巧而淳朴的器皿。

图 6-11 茶席插花

(见图 6-11)

4. 焚香

焚香,是指人们将从动植物中获取的天然香料进行加工,使其成为各种不同的香型,并在不同的场合焚薰,以获得嗅觉上的美好享受。焚香在茶席中不仅是一种艺术形态,还能烘托茶席的主题,如在设计禅茶主题的茶席时,配备铜制香炉和香品更能体现主题。

常见的香品有柱香、线香、盘香和条香。香炉有多种造型与质地,可根据需要进行选择。总的来说,在茶席中焚香要遵循不夺茶香、不抢风、不遮挡茶具的原则。(见图 6-12)

图 6-12 茶席焚香

5. 挂画

在茶席的背景中，可以选择书画作品进行装饰，用以突出茶席主题。茶席挂画的内容可以是字、画，或者字画合一，字以汉字书法为主，画以中国画为主。

为了便于欣赏，挂画的位置应在茶台的上方中心，以离地两米为宜，字体小或工笔画可适当降低高度。挂画时应注意采光，特别是绘画作品，宜张挂在与窗户成直角的墙面上。如自然采光效果不理想，则可选用人工光源补光。（见图6-13）

6. 工艺品

工艺品往往能起到画龙点睛的效果，能有效地衬托茶席的主题。工艺品的选择和布置要符合茶席主题的需要，茶席中的工艺品要与其他器物在质地、造型、色彩等方面相匹配，数量不宜过多，摆放的位置则是茶席的非主要位置，切忌喧宾夺主。（见图6-14）

图6-13　茶席挂画　　　　　　　　　　　图6-14　工艺品

7. 音乐

茶席清雅，背景音乐适合选用古朴典雅、节拍缓慢、柔和清韵的类型，特别是古琴、古筝等民族乐器弹奏的优雅曲调，如《琵琶行》《高山流水》等。

音量的控制也要恰到好处，过于喧闹则与茶性不符，似有似无、缥缈若虚则是佳境。情景交融之间，品茶人的内心会获得平静和感悟。

8. 茶点

茶点是在饮茶过程中佐茶的茶点、茶果和茶食的统称，其主要特征是分量较少、体积较小、制作精细、样式清雅。（见图6-15）

图6-15　茶点

在选配茶点时,要考虑到与所泡茶品性味相搭,一般是甜配绿、酸配红、瓜子配乌龙。另外,茶点的选择还应考虑时令季节,如能采用当季的食材来制作茶点,则更添品茗情趣。做工精致的茶点本身也是茶席设计的亮点。

六、艺

在表演茶艺的过程中,除了要表现出茶席之美,艺之美也是必不可少的。艺之美主要包括茶艺程序编排的内涵美和茶艺表演的动作美、神韵美、服装道具美等两个方面。

茶艺程序编排的内涵美主要看四个方面:一看是否顺茶性,程序编排是为了最终呈现出一杯色香味俱佳的茶汤,切勿本末倒置;二看是否合茶道;三看是否科学卫生;四看文化品位,切忌低俗浮夸。

➤→ | 实训安排

1.实训项目:茶席设计。

2.实训要求:

(1)了解茶席的构成要素;

(2)会选择合适的茶品、茶具、茶台、铺垫、相关工艺品等进行茶席设计;

(3)能用简练而准确的语言讲解茶席。

3.实训时间:45分钟。

4.实训场所与工具:

(1)茶艺实训室,要求能播放PPT,有完善的音响设施;

(2)茶品、茶具、茶台、铺垫、工艺品若干。

5.实训方法:视频与图片欣赏、小组讨论。

6.实训步骤:

以小组为单位,选择合适的茶品、茶具、茶台、铺垫、相关工艺品等进行茶席设计,要求运用茶席设计要领,呈现出茶席之美。

(1)学生3～6人为一组;

(2)在茶艺实训室中选择合适的茶品、茶具、茶台、铺垫、工艺品等物品,也可以自行准备;

(3)选配合适茶席的背景音乐;

(4)根据茶席的风格,挑选最适合进行动态展示或讲解的组员。

(5)以小组为单位展示,教师和其他小组进行考核和点评,完成下表。

序　号	内　容	标　准	满　分	实　得　分
1	茶品	茶品选择适合季节、主题	10	
2	茶具	茶具与茶品相匹配;茶具组合摆放得当	10	
3	背景	背景选择恰当	10	
4	音乐	音乐与茶席相匹配	10	
5	铺垫	干净整洁,颜色、样式恰当	10	
6	插花	烘托茶席,画龙点睛	10	
7	挂画	与茶席匹配,位置恰当	10	
8	焚香	香味与所选的茶品相匹配	10	
9	工艺品	选择得当,与茶席相关,不累赘	10	
10	动态展示或讲解	展示动作连贯、美观;讲解思路清晰、语言得当	10	
	总计		100	

▶▶ |任务测评|......

一、单项选择题

1.在茶席设计中,器具的选择与搭配应符合茶性,色彩协调,简洁实用,(　　　)。

A.美观　　　　　　　　B.合理　　　　　　　　C.方便操作　　　　　　D.凸显个性

2.(　　　)是放置壶盖、盅盖、杯盖的器物。

A.茶杯　　　　　　　　B.杯托　　　　　　　　C.盖置　　　　　　　　D.茶船

3.整理茶艺馆内的(　　　)、插花、陈列品等装饰物,是营造品茶净、洁环境的方法之一。

A.盆景　　　　　　　　B.茶具　　　　　　　　C.挂画　　　　　　　　D.桌面

4.南疆的维吾尔族喜欢用(　　　)的长颈茶壶烹煮清茶。

A.铜制　　　　　　　　B.银制　　　　　　　　C.石制　　　　　　　　D.锡制

5.宗教茶艺特别讲究(　　　),茶具古朴典雅,强调修身养性、以茶释道。

A.礼貌　　　　　　　　B.礼节　　　　　　　　C.礼仪　　　　　　　　D.茶礼

二、多项选择题

1.茶具按功能可分为主茶具和辅助器具,以下不属于主茶具的是(　　　)。

A.茶壶、茶盘　　　　　B.茶船、茶盘　　　　　C.茶杯、茶盘　　　　　D.茶壶、茶盅

2.古代文人茶艺的精神是追求(　　　)。

A.真　　　　　　　　　B.廉　　　　　　　　　C.美　　　　　　　　　D.俭

3.下列不属于品茗插花的有(　　　)。

A.斋花　　　　　　　　B.室花　　　　　　　　C.茶花　　　　　　　　D.轩花

4.茶艺创新的要求有(　　　)。

A.主题正雅　　　　　　B.原创　　　　　　　　C.意境高雅　　　　　　D.整体协调

5.《茶经》探讨了饮茶艺术,把(　　　)融入饮茶中,首创中国茶道精神。

A.儒　　　　　　　　　B.道　　　　　　　　　C.佛　　　　　　　　　D.禅

任务三　赏析茶席作品

▶▶ |任务引入|......

茶席是饮茶者构建茶、器、物、境的审美空间,是以茶为灵魂,以茶具为主体,由不同因素组合而成的艺术组合整体。好的茶席设计必须建立在美学基础上,需要和谐的色彩搭配和合理的空间设计。

近年来,随着茶文化的复兴和普及,在各类茶席设计比赛中,越来越多的优秀茶席设计作品涌现出来。

1. 第四届全国茶艺职业技能竞赛茶席设计金奖作品《中国茶·茶世界》

作品名称:《中国茶·茶世界》(见图6-16)

作者姓名:许泽梅、赵丹、朱阳

作品主题:此席以"中国茶·茶世界"为题,诠释中国茶由陆路、海路走出国门、茶传五洲的中心思想。

选送单位:中国茶叶博物馆

设计思路:中国茶的对外传播主要分为陆路与海路两大部分,茶席以万里茶道为背景图,正是茶陆路传播的重要线路,起点为本次全国茶席设计大赛的主办地武夷山。

茶席效果:主茶席分为两部分,展示了茶叶海路传播的全过程。茶席右侧,最底下深色铺垫代表干茶色泽,也代表红茶"black tea",第二层的铺垫代表茶汤色泽,最上面的蓝色铺垫代表河流,最终汇入大海。茶席左侧,以世界地图为蓝本,蓝色的茶席布意味着海洋的浩瀚;五洲大陆则以茶叶铺成,表达出茶传五洲的寓意。席中茶盏、茶杯、茶壶好似海中一只只航行的船舶,承载着茶汤,由中国走向世界。

红茶,是全球消费量最大的茶类,席中茶叶便选用红茶鼻祖、也是最早出口的茶叶——中国武夷山的正山小种。地图上的十杯茶,摆放之处代表的是全球茶叶消费量最多的十个国家。

表达思想:茶叶的海上传播之路就是当年的"海上丝绸之路",这条路不仅让茶行万里,还把中国的瓷器、丝绸一起带出国门,席中选用的茶具皆以白瓷为主,既能承托红茶汤色,又能表达瓷器与茶的对外传播。通过茶席,表达了"一带一路"倡议的重要思想,彰显出茶传五洲的重要作用。

图 6-16 《中国茶·茶世界》

2. 第四届全国茶艺职业技能竞赛茶席设计金奖作品《时间的味道》

作品名称:《时间的味道》(见图 6-17)

作者姓名:石冰

作品主题:六堡茶从制作工艺来看,有传统工艺和现代工艺之分,这两者在储存得当的情况下,皆是存放的时间越长,味道越佳。因而,六堡茶红浓陈醇的味道,就像时间的味道一样。

选送单位:个人

设计思路:广西六堡茶,原产地在梧州市苍梧县六堡镇,是蕴含着厚重积淀的历史名茶。它的冲泡方式既有年代久远的闷泡法,也有细斟慢饮的小壶泡法。在主题设计中,以闷泡法对应传统工艺六堡茶,以小壶泡法对应现代工艺六堡茶。六堡茶的工艺、泡法随光阴流转而演变,带着时空辽远的气息与味道,是民族传承的瑰宝。"时间的味道",具有物质层面与精神层面的双重含义:既指六堡茶在茶类上的品质特征,又指六堡茶深厚的历史和文化底蕴。

图 6-17 《时间的味道》

茶席效果:茶席立体背景为被岁月侵蚀得斑驳的小斗橱,倚靠着老屋的青砖墙。橱上置直筒闷茶壶和粗瓷碗,再现古老的闷泡法。被农家灶台熏黑的装茶竹篮、马灯、小竹椅……这些器具的摆放看似随意,却是已逝时光的记忆还原。放于中间的竹制矮桌为主茶席,老旧的烧水壶,年代久远;主泡器为广西坭兴陶壶,壶身雕刻的广西民族特色的壮锦纹饰与品茗杯遥相呼应,展现了闷泡法向小壶泡法的演变及其地域特色。青砖墙上,用特殊效果淡淡晕出一张影幕,映现出从六堡镇出发的茶船古道路线。

茶席的整体色调以青灰、暗褐为主,营造出一种古朴、怀旧的氛围。茶席以闷泡法的呈现为背景,以结合当代茶席审美要素的小壶泡法为主体,力求展现传统和现代的传承与交融,才是六堡茶作为民族瑰宝并富有生命力的底蕴,凸显了"时间的味道"的多重内涵。

3. 第四届全国茶艺职业技能竞赛茶席设计金奖作品《渔翁与茶》

作品名称:《渔翁与茶》(见图 6-18)

作者姓名:朱紫盈

作品主题:渔翁一生与风浪拼搏、与茶为伴、以渔为生;一杯香茗喜相逢,古今多少事,都付笑谈中。

选送单位:个人

设计思路:茶席设计的主色调选用藏青色,与深邃的背景相呼应,蒲草编织的蒲团为桌子和席子,搭配陶瓷茶具与竹制杯托,讲述着渔翁简朴的一生。鱼篓里是一天满满的收获,木质茶罐里的茶已经在岸上等了一天,就像是在等待着与渔翁一起享受丰收的喜悦,听他诉说海上发生的趣事,探讨今后的人生。

图6-18 《渔翁与茶》

茶席效果:在落日余晖中,渔翁脸上洋溢着幸福的笑容,满载而归。找一处竹间小径,围着蒲团,坐在蒲垫上,煮上一壶茶,细品收获带来的喜悦。选用陶瓷、汝窑材质的茶具及煮茶炉,造型虽简朴但实用精巧;外用的煮茶炉不仅可以保持水温,而且可以用来煮茶。煮的茶能释放更多的茶多酚,并且茶的风味更加醇厚。渔翁围席而坐,煮上一炉好茶细细品味。四周依山傍水,身后竹林随风摆动起来,与三两好友互相讨论着今日的过往,谈论着书中的趣事。品味着一壶好茶,就像品味着自己的人生。

这是普通渔翁的日常生活写真。将渔翁与茶的形象展示得淋漓尽致。野泉烟火白云间,坐饮香茶爱此山,寄情山水寄情于茶。身无长物,不惧明天,不念过往。看白云苍狗,云卷云舒,方知平平淡淡才是真。

4. 第四届中华茶奥会茶席与茶空间设计大赛获奖作品《纳气益生》

作品名称:《纳气益生》(见图6-19)

作者姓名:汪云鹏

设计思路:茶席创意来源于中国传统秋冬节气的养生理念。

秋冬养生注重"秋收冬藏","收"与"藏"皆属"纳",纳采天地万物之精华灵气于一身,以固本培元,是秋冬节气养生精髓,所以将茶席命名为"纳气益生"。

图6-19 《纳气益生》

五行是中国传统文化的核心,与五色五脏、四时流转、休养生息有着密切联系。五行中,秋属金,金为白,《尚书》:"金曰从革",所以秋季肃杀收敛。冬属水,水为黑,为灰蓝,《尚书》:"水曰润下",虽润泽万物,但一如冬季,寒凉闭藏。

茶席效果:茶席铺纯白麻布为底,代表秋,以黑色绸缎为桌旗,代表冬,似一汪玄潭,流淌于苍茫天地间,润泽白色土壤,呼应雪白的茶具,体现秋冬的冷肃。茶壶好似融化的别致造型,如"竹炉汤沸火初红"。茶席冲泡普洱熟茶,熟普温和暖胃,益气养阳,最宜秋冬节气养生。"青灯耿窗户,设茗听雪落",养生,养心。

金生水,黑白又是阴阳之色,阴阳相生相长,四季轮回,天地间的奥秘,都浓缩于茶席中。养生,自然要遵循这一规律。

秋天阴长阳消,万物收敛,肺气内应,养生以养阴润肺为要。茶席撒小米,滋阴养血。冬天大地收藏,万物皆伏,肾气内应,养生应以固阳养肾为重,《黄帝内经》曰:"去寒就温"。茶席撒黑芝麻、薏仁补肾润燥、健脾舒筋,适合秋冬养生。

5. 第四届中华茶奥会茶席与茶空间设计大赛获奖作品《欢颜》

作品《欢颜》(见图6-20)

作者姓名:兰佳

茶席效果:茶席由盖碗、品茗杯、茶荷、公道杯、水盂、水壶、壶承、茶漏、插花、茶巾、茶席垫等器物搭配组成。

色彩搭配上,以绿色的茶席作为主基调,小竹席上的花和绿色相互映衬,把生动的气息铺开。白色的盖碗和品茗杯能够更好地把茶汤的颜色体现出来,红汤绿汤都将清晰明朗。粉紫色的满天星和绿色细竹枝组合而成的插花,绿叶红花再次碰撞,相得益彰。壶承、杯垫、小竹排、小篱笆都是棕褐色系,可以让整个作品沉淀下来,增添些许稳重文雅的气质。茶漏、公道杯、烧水壶都是无色透明的,能够更直观地看到水的至净至纯、茶汤颜色的透亮清澈。

作品命名为"欢颜",不仅从器具搭配和颜色搭配上令人赏心悦目,更重要的是,表达出品茶泡茶之人,内心平和又欢喜的状态。也许还没有遇到知音琴瑟和鸣,也许无人赏识,但在自然的熏陶下,在茶水的浸润中,油然而生对美的体验和对人生的泰然自若。

图 6-20 《欢颜》

6. 2021 年武汉市职业院校茶艺技能大赛一等奖作品《一杯红茶献给党》

作品名称:《一杯红茶献给党》(见图 6-21)

作者姓名:冯时

茶品类别及名称:红茶,宜红工夫

设计思路:百年风雨兼程,世纪沧桑巨变,回望中国共产党百年历程,不由自主地心生感慨,党史,波澜壮阔,百年征程而历久弥坚;茶道,从古至今,历经千年而经久不衰,由此借一杯红茶为党的百岁华诞献礼。从"小小红船"到"巍巍巨轮",从"春天的故事"到"新时代华章",万丈红尘三杯酒,千秋大业一壶茶。

茶席效果:主泡席上铺设蓝色桌布,竹编桌旗,黑色为主的粗陶茶具,黑色致意厚重的党史;副席,一盏煤油灯,回忆往昔,一对毛主席喝茶用的搪瓷杯及《毛泽东选集》《邓小平文选》《江泽民文选》《胡锦涛文选》《习近平谈治国理政》映照奋斗历程;右侧的"箩筐与扁担"寓意江山是人民挑起来的,人民就是江山,"芦苇"仿佛带观众回到了当年抗日的烽火岁月,"竹子"寓意着坚韧不拔的革命精神。

建党百年,以茶致敬先烈,以茶致敬共产党,以茶致敬新时代,更能品见悠远的历史和精神内蕴,细品党史百年底蕴,领悟党史真谛,坚定伟大梦想,定能到达彼岸。

图 6-21 《一杯红茶献给党》

任务测评

一、单项选择题

1.茶道精神是( )的核心。

A.茶生产 　　　B.茶交易 　　　C.茶文化 　　　D.茶艺术

2.在选择背景音乐时,可以不用考虑茶艺表演( )。

A.所用的器具 　　B.所要表现的主题 　C 要营造的氛围 　D.所用的茶叶

3.文人茶艺活动的主要内容有( )。

A.斗茶、评水、赏器 　　　　　B.诗词歌赋、琴棋书画、清言对话

C.点茶、品茶、斗茶 　　　　　D.只谈与茶有关的事

4.历代文人雅士在品茶时都讲究环境静雅、茶具清雅,更讲究饮茶意境,以( )为目的,更注重同饮之人。

A.斗茶 　　　B.赏茶具 　　　C.怡情养性 　　　D.社交活动

5.为营造品茶氛围,品茶环境布置的基本格调讲求( )。

A."华贵、精致" 　B."幽、净、雅、洁" 　C."古典、华丽" 　D."文化、高贵"

二、多项选择题

1.以下哪几项是品饮茶艺赛项的扣分点?( )

A.未行礼 　　　B.少选或多选茶具 　C 奉茶量均衡 　　D.主题没有交代与呈现

2.下面哪几项是品饮茶艺赛项中选手容易失分的地方?( )

A.冲泡时,盖碗的盖子直接和桌布接触 　B.冲泡过程中,有水滴落在桌布上

C.奉茶量不均衡 　　　　　　　　　　　D.冲泡流程不熟悉

3.品饮茶艺赛项中,裁判眼中的高分选手应该具备下面哪几项特质?( )

A.冲泡流程熟悉、连贯,忽快忽慢

B.动作规范,不夸张、不做作

C.所冲泡的茶叶品质特征体现到位,茶汤质量好

D.应变能力佳,能合理处置突发事件

4.茶文化的社会功能包括( )。

A.雅志 　　　B.传承 　　　C.敬客 　　　D.行道

5.中国的饮茶习俗多达数百种,主要可以分为( )等几个方面。

A.婚姻茶俗 　　B.客来敬茶 　　C.节日茶俗 　　D.以茶祭祀

项目七
训练茶之礼

—— 喝茶是过日子的最低标准 ——

闻一多把喝茶看成生活中最重要的事情。茶是生活的尺度，没有茶的日子简直没有办法过。在美国留学时，他向家里讨茶。在青岛的时候，他找梁实秋、黄际遇"蹭"茶。在联大南迁路上，他把没有茶喝的日子列为最苦的日子。一旦喝上茶，他便大呼过上了开荤的好日子……闻一多的老家湖北浠水也是产茶地，这或许是他嗜茶的一个原因。他喝茶受好友梁实秋的影响更多。自己爱茶，还要影响周边的人喝茶，有闻一多、梁实秋、胡适这样的爱茶人，才有了民国年间的名士饮茶之风，在酒气冲天的时代，饮茶是一股清风。

> **知识目标**

(1)了解茶艺服务人员仪容仪表的要求。

(2)了解"走、坐、站、蹲、跪"以及常用礼节的动作要领。

> **能力目标**

(1)掌握茶艺师面容修饰的要点,会熟练运用化妆技巧。

(2)能在茶事服务中熟练运用各种礼节。

(3)理解和学习常见的茶事礼俗。

> **素质目标**

树立服务意识,提升服务水平。

▶ 学前自查

你认为茶艺师和服务员有区别吗?	没有	有,_____	
你认为茶艺师应该化妆吗?	应该	不应该	
你认为茶艺师能烫染头发吗?	能	不能	
你认为茶艺师能喷香水吗?	能	不能	
你认为茶艺师能做美甲吗?	能	不能	
你能说出适合男茶艺师和女茶艺师的发型吗?			
你能选出适合茶艺师的服装吗?	旗袍	休闲时装	西服
你能说出茶艺服务中的礼节吗?	不能	能,_____	
你懂得茶桌上的礼俗吗?	不懂	懂,_____	
你认为茶艺师这个职业是吃"青春饭"吗?	是	不是,_____	
你认为茶艺表演和歌舞表演有区别吗?	没有	有,_____	

任务一 学习茶艺师仪容仪表

▶ 任务引入

仪容仪表是沏茶者给人的第一印象,包括沏茶者的形体、容貌、健康、姿态、举止、服饰等方面,是沏茶者举止风度的外在体现。

做一名合格的茶艺师,仪容要适当修饰,以体现传统之美;指甲要干净整洁,令人赏心悦目;服饰要与环境搭配,优雅稳重。

一、保持干净

仪容仪表中最重要的一点是干净,茶艺师要确保以干净、清爽的状态去泡茶。

首先,要勤洗澡、勤洗头、勤洗脸、勤刷牙,头部、颈部、耳部都要干干净净,并经常注意去除眼角、口角及鼻孔的分泌物,餐后要对镜检查,确保牙缝中没有食物残渣。

其次,要勤换衣服,消除身体异味,如有狐臭要及早治疗,不能用香水来遮盖异味。另外,不论是泡茶还是品茶,都不要喷香水,避免影响茶香。

二、面容修饰

作为高素质服务人员,茶艺师在面对客人的时候应适当修饰仪容,女士化淡妆,面带微笑,展示出自信从容之美,帮助自己赢得客人的信任。从事茶艺的工作人员切忌浓妆艳抹,与茶性不符。(见图7-1)

男士在提供茶事服务时,应将面部修饰干净,不留胡须。另外,男士面部容易分泌油脂,平时要注意保养皮肤,不留痘印。(见图7-2)

图 7-1　女茶艺师的面容修饰

图 7-2　男茶艺师的面容修饰

三、发型选择

茶艺师应选择合适的发型,发型的选择因人而异,以适合自己的脸型和气质为佳。总体要求是不烫不染、前不附额、侧不遮耳、后不及领。(见图7-3)

图 7-3　男茶艺师的发型选择

如果是长发,则将头发束起,避免低头的时候头发掉落到茶具中不卫生且掉落在茶桌上会影响操作;如果是短发,则要干净整齐,避免头发散落遮挡视线。(见图7-4)

99

图 7-4　女茶艺师的发型选择

四、手部修饰

作为茶艺工作者,要有意识地保持优美的手型。总体要求是女士纤细修长,男士浑厚有力。

作为一名茶艺师,平时要注意适时的手部保养,时刻保持清洁、干净,勤洗手,及时修剪指甲,保持整洁光亮,不留长指甲,不做美甲,不涂抹有色指甲油。

五、服饰选择

茶艺师需穿着得体,素雅大方。要求与茶空间的主题、色彩和风格相宜,一般以中式服饰为主。选择衣服的时候,整体花色以素雅为主,不宜奢华;袖口不宜过宽,避免碰撞茶具。(见图 7-5)

图 7-5　茶艺师的服饰选择

女茶艺师可以选择旗袍、茶服,男茶艺师可以选择中山装、长衫、茶服。如果企业有定制的工作服或茶服,则应统一着装。

≫➤ **｜ 实训安排 ｜** ……

1. 实训项目:茶艺师仪容仪表。
2. 实训要求:
(1)了解茶艺师仪容要求;
(2)能运用化妆技巧修饰面容;
(3)会选择合适的服装。

3.实训时间:45分钟。

4.实训场所与工具:

(1)茶艺实训室;

(2)化妆用品、茶服若干。

5.实训方法:视频与图片欣赏、教师示范、小组讨论。

6.实训步骤:

(1)教师讲解并展示茶艺师的仪容仪表要求;

(2)学生练习;

(3)学生展示,教师进行考核、点评并记录在下表。

序　号	项　目	要　求	满　分	得　分
1	发型	不烫不染,前不附额,侧不遮耳,后不及领	20	
2	面部	女士淡妆,男士整洁	20	
3	手部	整洁光亮,不留长指甲,不做美甲,不涂有色指甲油	20	
4	服饰	整洁淡雅,以旗袍、长衫、茶服为主	20	
5	整体	干净,无异味,与茶性相宜	20	
合计			100	

 任务测评

一、单项选择题

1.在茶艺馆的服务中要求服务员有良好的文化素质、丰富的茶叶知识以及专业的泡茶技巧,(　　)也非常重要。

A. 头发长短　　　　　　　　　　B. 个人的仪容、仪表

C. 手的修长　　　　　　　　　　D. 长相、身材

2.在茶艺馆营业中,对茶艺师仪表的要求是(　　),不喷洒香水。

A. 一定要将头发盘起　　　　　　B. 化彩妆

C. 为了保持朴素,不化妆　　　　D. 化淡妆

3.茶艺师在茶艺服务过程中,遇到不能满足顾客需要时,要做到(　　)。

A. 回避,不回答　　B. 绝不说"不"字　　C. 适时说"不"字　　D. 直接说"不"字

4.举止是一种不说话的"语言",它反映了一个人的(　　)。

A.素质、受教育程度及被人信任的程度　　B. 被人信任的程度

C.以上都不对　　　　　　　　　　　　D. 素质

5.对于茶艺服务人员来讲,与顾客握手时,忌戴(　　)和墨镜,并且不准轻易以自己的左手与他人相握。

A.手套　　　　　B.戒指　　　　　C.化妆　　　　　D.手链

二、判断题

1.构成礼仪最基本的三大要素是语言、行为表情、服饰。(　　)

2.接待蒙古宾客,敬茶时当客人将手伸平,在杯口盖一下,这表明不再喝了。(　　)

3.藏族喝茶有一定的礼节,边喝边添茶,三杯后,把添满的茶汤摆着,表明宾客不满意。(　　)

4.日本人和韩国人讲究饮茶,注重饮茶礼法,因此接待时要让他们在严谨的沏茶技巧中感受到中国茶艺的风雅。(　　)

5.茶艺师在接待外宾时,要以中国传统礼仪官的姿态出现,特别要注意维护国格和人格。(　　)

任务二 训练茶艺服务礼仪

>> | 任务引入 | ......

礼仪是对礼节、礼貌、仪态和仪式的统称。它是人们在社会交往活动中,为了相互尊重,在仪容、仪表、仪态、仪式、言谈举止等方面约定俗成的,共同认可的行为规范。茶艺服务礼仪是指茶艺师在进行茶事服务中对服务对象表示尊重和友好的行为规范。

一、站姿

站姿是生活中最基本的举止,虽然是一个静态的姿势,却能展示人的精、气、神。保持优美、挺拔的站姿是茶艺服务的基础,能给他人留下美好的第一印象。(见图7-6)

图 7-6 站姿

站姿的标准详见表7-1。站姿的训练方法主要有三种,靠墙练习、双人训练、书本训练。

表 7-1 站姿的标准

身 体 部 位	标 准
整体	头正、肩平、躯挺、腿并
头	下颌微收,面带微笑
手	双手自然下垂
	右手搭在左手上,叠置于体前
脚	V 形
	小丁字形

1. 靠墙练习

靠墙站立,要求后脑勺、双肩、后背、臀部和脚跟贴紧墙面,每天坚持练习。

2. 双人训练

两人一组,背靠背站立,在两人背部中间夹一张白纸。要求两人后脑勺、双肩、后背、臀部和脚后跟贴紧,保证白纸不掉下来。

3. 书本训练

将一张白纸夹在膝盖处,将书本放于头顶,调整站姿,下颌微收,眼睛平视,要求书本、白纸不能掉下来。

二、坐姿

俗话说坐如钟,坐姿需端正。茶艺师日常行茶或进行茶艺表演时,为确保身体重心居中,坐在凳子、椅子上时,必须端坐中央,保持中正。(见图7-7)

图 7-7 坐姿

坐姿的训练详见表7-2。

表 7-2 坐姿的训练

步 骤	标 准
入座	走到座位正前方,右脚后点半步,确定椅子的确切位置
	重心移至两腿中间,落座椅子三分之一到二分之一处;过程中保持上半身不动,着裙装时要用手拢裙
调整	头正颈直肩平、挺胸收腹、下颌微收、目光平视、面带微笑
	双手握空心拳,放至桌面,与肩同宽
	双腿并拢,与地面垂直
起身	右腿向后收半步,慢慢站立,调整站姿后,平移离开座位

三、蹲姿

蹲姿通常是在取放低处物品、拾起落地物品或合影时位于前排采取的动作。从事茶艺服务时,如果茶桌较矮,可采用蹲姿为客人奉茶。要做到优雅的蹲姿,基本要领是:屈膝并腿,臀部向下,上身挺直,不要低头。常见的蹲姿有以下两种:

1. 交叉式蹲姿

(1)左脚向前跨半步,右脚在后。

(2)将身体重心调整至右腿,右小腿垂直于地面,脚掌全部着地;左腿在前与右腿交叉重叠,左脚跟抬

起,前脚掌着地。

（3）双腿前后靠紧,支撑身体重心。

2. 高低式蹲姿

（1）左脚向前跨半步,右脚在后。

（2）将身体重心调整至左腿,左小腿垂直于地面,脚掌全部着地;右脚跟抬起,前脚掌着地。

（3）女士将右膝内侧靠于左小腿内侧,两腿靠紧再向下蹲;男士两膝可稍打开。

四、走姿

在茶艺服务的过程中,因需要取物、奉茶,走动是不可避免的。走姿属于动态美,优雅的走姿如同行走的风景线,女士走姿的基本要求是轻盈、从容,具有阴柔之美;男士走姿的基本要求是稳健、刚毅,具有阳刚之美。茶艺服务人员在行走时要保持均匀、平稳的速度,不要过于急躁;步幅也不要过大,避免手捧茶具的时候避让不及,发生磕碰。走姿的要点详见表7-3。

表 7-3　走姿的要点

走姿		要点
直行	女士	站姿准备,将双手虎口相交叉,右手搭在左手之上,提放于腹前; 要求上身挺直,肩部放松,目光平视,面带微笑
		行走时移动双脚,尽可能保持直线前进; 要求步幅在20厘米左右,跨步脚印为一条直线
	男士	站姿准备,双手垂于身体两侧; 要求上身挺直,肩部放松,目光平视,面带微笑
		行走时移动双脚,双臂随腿的移动自然前后摆动; 要求步幅在25厘米左右,脚掌内侧为一条直线
转身	右转	身体保持向前,右脚先行,脚尖向右转90度
		身体向右转90度,调整站姿,继续前行
	左转	身体保持向前,左脚先行,脚尖向左转90度
		身体向左转90度,调整站姿,继续前行

五、跪姿

跪姿常见于无我茶会和茶艺表演中。国际交流时,日本和韩国茶人习惯采用跪姿。因日常使用不多,跪姿不易掌握,需多加练习。

（1）站姿准备,双膝跪地。

（2）臀部坐在双脚上,身体重心调整至双脚跟上,双手搭放于前;注意上身挺直,肩膀放松,双眼平视,面带微笑。

六、服务语言

茶艺师在提供服务时,要特别注意自己的语气语调和言语内容。首先,语气要谦逊柔和,语调要音量适中,简洁清晰。其次,言语内容要礼貌周到,恰当地使用服务敬语,客到有请,客问必答,客走道别。杜绝使用不尊重客人的蔑视语、缺乏耐心的烦躁语、不文明的口头语和刁难他人的斗气语。

» → | **实训安排** | ......

1. 实训项目:茶艺师服务礼仪。

2. 实训要求:

(1)了解茶艺师服务礼仪;

(2)掌握标准茶艺服务礼仪训练的基本方法和步骤;

(3)养成走、坐、站、蹲、跪的良好姿态。

3. 实训时间:45 分钟。

4. 实训场所与工具:

(1)形体训练室、茶艺实训室;

(2)全身镜、椅子、书本。

5. 实训方法:视频与图片欣赏、教师示范、小组讨论。

6. 实训步骤:

(1)教师讲解并展示茶艺师服务礼仪要求;

(2)学生练习;

(3)学生展示,教师进行考核、点评并记录在下表。

序　号	项　目	要　求	满　分	得　分
1	站姿	头正肩平、挺胸收腹、立腰夹臀;双臂自然下垂、目光平视、面带微笑	20	
2	坐姿	头正颈直肩平、挺胸收腹、下颌微收、目光平视、面带微笑	20	
3	走姿	上身挺直,肩部放松,目光平视,面带微笑;跨步脚印为一条直线,步幅在 20 厘米左右	20	
4	蹲姿	高低式蹲姿,交叉式蹲姿	20	
5	跪姿	臀部坐在双脚上,身体重心调整至双脚跟上,双手搭放于前,上身挺直,肩膀放松	20	
		合计	100	

» → | **任务测评** | ......

一、单项选择题

1. 茶艺师在跪坐时,身体重心要调整坐落在(　　)上,上身保持挺直,双手自然交叉相握摆放于腹前。

A. 双脚掌　　　　　　B. 双脚尖　　　　　　C. 双脚踝　　　　　　D. 双脚跟

2. 不符合茶艺表演者发型要求的是(　　)。

A. 短发　　　　　　B. 马尾辫　　　　　　C. 长发披肩　　　　　　D. 寸头

3. (　　)是构成礼仪最基本的三大要素之一。

A. 专业　　　　　　B. 素质　　　　　　C. 服饰　　　　　　D. 仪表

4. 藏族喝茶有一定的礼节,三杯后当宾客将添满的茶汤一饮而尽时,应当(　　)。

A. 继续添茶　　　　　　B. 不再添茶　　　　　　C. 可以离开　　　　　　D. 准备送客

5. 在茶艺服务接待中,要求以我国的(　　)为行为准则。

A. 规范仪表、规范语言　　　　　　　　　　　　B. 礼貌语言、礼貌行动、礼宾规程

C.规范语言、礼宾规程　　　　　　　　D.规范语言、规范行动、规范礼节

二、判断题

1.女性茶艺表演者戴手表能平添不少风韵。（　　　）

2.长发披肩不符合茶事服务的要求。（　　　）

3."和"既是中国茶道的起点，又是中国茶道的终极追求。（　　　）

4.茶艺的三种形态是品茗、营业、表演。（　　　）

5.茶艺师服务时，为显示出坦率、开放、诚实的性格特征，可坐时跷二郎腿。（　　　）

任务三　掌握常见茶事礼俗

▶▶▷ ┃任务引入┃……

茶礼是茶道的重要组成部分。它是在茶事活动中，人们约定俗成的行为模式。在茶事活动中，注重礼节，相互尊重，能体现出良好的道德修养。常用的礼仪动作有以下几种：

一、持物礼

在茶事服务过程中，为表示对客人的尊重，手不能直接接触到干茶和器皿开口处。比如取茶时，避免用手直接拿取茶叶，而应使用茶拨、茶荷等。拿取茶叶罐、茶荷、品茗杯等器具时，手握在器具外壁三分之二处。（见图 7-8）

二、伸掌礼

茶事活动中使用得最多的就是伸掌礼，表示"请"和"谢谢"。如主人向客人奉茶汤、茶点时，主泡和助泡协同合作时，都会用到伸掌礼。行伸掌礼时，四指并拢，大拇指稍弯曲，紧贴手掌，掌心向上且微微内凹，同时欠身点头，行注目礼。（见图 7-9）

图 7-8　持物礼　　　　　　　　　　　　　图 7-9　伸掌礼

三、鞠躬礼

鞠躬是中国的传统礼仪，指弯腰行礼，表示敬重之意。在茶事服务中常用在迎宾、送客和开始表演之前。从行礼姿势上，鞠躬礼可分为站式、坐式和跪式鞠躬；从弯腰程度上，鞠躬礼可分为真礼、行礼和草礼，

详见表 7-4。茶艺服务人员可根据茶事活动的性质、规模和内容等因素适当选择。

表 7-4　鞠躬礼的要点

鞠 躬 礼		要 点
站式鞠躬	真礼	站姿准备,缓缓弯腰至 90°,双臂自然下垂,指尖合拢,双手贴大腿下滑至膝盖上沿,目视脚尖; 稍作停顿后,缓缓直起,目视前方,要求俯身与起身速度一致,动作自然
	行礼	站姿准备,缓缓弯腰至 30°,双臂自然下垂,指尖合拢,双手贴腿部下滑至大腿中部,目视脚尖; 稍作停顿后,缓缓直起,目视前方,要求俯身与起身速度一致,动作自然
	草礼	站姿准备,缓缓弯腰至 15°,双臂自然下垂,指尖合拢,双手轻扶于大腿跟; 稍作停顿后,缓缓直起,目视前方,要求俯身与起身速度一致,动作自然
坐式鞠躬	草礼	坐姿准备,将双手沿大腿前移至中部,弯腰约 15°,腰部顺势前倾; 稍作停顿,慢慢将上身直起,恢复坐姿,要求上身挺直,面带微笑
跪式鞠躬	草礼	跪姿准备,上半身向前倾斜,双手从膝盖上渐渐滑下,双手指尖着地,身体前倾约 15°; 稍作停顿,慢慢直起上身,要求弯腰时吐气,起身时吸气,上身挺直,俯身与起身速度一致

四、扣手礼

扣手礼是中国传统礼俗,指主人给客人斟茶时,客人用食指和中指轻叩桌面,以示感谢。

相传清代乾隆皇帝微服下江南,在茶馆喝茶时,为随行大臣们倒茶,大臣们惶恐。如若谢恩则会暴露皇帝身份,情急之下灵机一动,便将右手手指弯曲在桌上轻叩三下代替三跪九叩的大礼。这样既保密又不失礼数,扣手礼就此流传下来。(见图 7-10)

图 7-10　扣手礼

五、凤凰三点头

凤凰三点头是茶艺中的传统礼仪,既是对客人表示敬意,也是对茶的敬意。利用手腕的力量,上下提拉注水反复三次,让茶叶在水中翻动,这一冲泡手法雅称凤凰三点头。这不仅是泡茶的需要,更是寓意向来宾三鞠躬,以示敬意。

六、回转斟水

行茶过程中,经常会用回转斟水的手法来温杯、注水,右手操作时要沿逆时针方向回转,左手操作时要沿顺时针方向回转,用以表示对来宾的欢迎,反之则表示不欢迎。

七、壶嘴朝向

放置茶壶时,壶嘴不能正对来宾,否则表示请客人离开。另外,从安全角度来考虑,壶嘴经常会有热气喷出,正对来宾放置也比较容易发生意外。

八、奉茶七分满

俗话说茶满欺客,意思是斟茶不可斟满。茶事服务中,可用公道杯来均分茶汤,茶汤以七分满为宜。茶汤过多,客人不易端杯饮用;茶汤过少,客人心中不悦。

实训安排

1.实训项目:茶事礼俗。

2.实训要求:

(1)了解常见的茶事礼俗;

(2)能将茶事礼俗熟练运用在茶事服务中。

3.实训时间:45分钟。

4.实训场所与工具:

(1)茶艺实训室;

(2)泡茶套组。

5.实训方法:教师示范、小组讨论。

6.实训步骤:

(1)教师讲解并展示茶事礼俗的要求;

(2)学生练习;

(3)学生展示,教师进行考核、点评并记录在下表。

序 号	项 目	要 求	满 分	得 分
1	持物礼	置茶时,避免用手直接拿取茶叶;拿取茶具时,不接触器皿开口处,手握在器具外壁三分之二处	10	
2	伸掌礼	四指并拢,大拇指稍弯曲,紧贴手掌,掌心向上且微微内凹,同时欠身点头,行注目礼	10	
3	鞠躬礼	真礼、行礼、草礼	30	
4	扣手礼	用食指和中指轻叩桌面	10	
5	凤凰三点头	利用手腕的力量,上下提拉注水反复三次,让茶叶在水中翻动	10	
6	回旋斟水	右手操作时要沿逆时针方向回转;左手操作时要沿顺时针方向回转	10	
7	壶嘴朝向	壶嘴不能正对来宾	10	
8	奉茶	可用公道杯来均分茶汤,茶汤以七分满为宜	10	
		合计	100	

任务测评

一、单项选择题

1.下列选项中,哪些不符合热情周到服务的要求?(   )

A.宾客低声交谈时,应主动回应

B.仔细倾听宾客的要求,必要时向宾客复述一遍

C.宾客谈话时,不要侧耳细听

D.宾客有事招呼时,要赶紧跑步上前询问

2.广义上茶文化的含义是(   )。

A.茶叶的物质与精神财富的总和　　　　B.茶叶的物质及经济价值关系

C.茶叶艺术　　　　　　　　　　　　　D.茶叶经销

3.站式鞠躬行真礼需要弯腰约(   )。

A. 15°　　　　　　　B. 30°　　　　　　　C. 45°　　　　　　　D. 90°

4. 最常见的冲泡是用(　　)，寓意向客人三鞠躬表示欢迎。

A. 三龙互鼎　　　　　B. 凤凰三点头　　　　C. 悬壶高冲　　　　　D. 关公巡城

5. 茶叶冲泡时，(　　)不影响茶的香气、色泽、滋味得以充分发挥。

A. 选配茶具　　　　　B. 投茶方式　　　　　C. 水的温度　　　　　D. 技艺之美

二、判断题

1. 茶艺师在为客人服务时，面部表情要平和放松，不要微笑。(　　　)

2. 民间习俗斟茶要斟满，以示对客人的热情和欢迎。(　　　)

3. 右手逆时针回转注水，是表示对客人的欢迎。(　　　)

4. 注目礼和点头礼这两个礼节一般在茶艺师向客人敬茶或奉上物品时联合使用。(　　　)

5. 为营造轻松的氛围，茶事服务中，茶艺师应尽可能多地与客人聊天，空闲时服务人员之间也可以聊天。(　　　)

项目八
掌握泡茶要素

只要有一只茶壶，中国人到哪儿都是快乐的

林语堂是闽南漳州人，受闽南工夫茶熏陶而善品茶，据说，林语堂关于茶还有这样的评说："只要有一只茶壶，中国人到哪儿都是快乐的"。他的另一句名言是："捧着一把茶壶，中国人把人生煎熬到最本质的精髓。"林语堂认为，茶与酒的功能有极相近之处，而又有所不同："因为茶需静品，而酒则需热闹。"一个人只有在神清气爽、心气平静、知己满前的境地中，方能领略到茶的滋味。茶是世间纯洁的象征，是聪慧人的饮料，风雅隐士的珍品。"饮茶以客少为贵。客众则喧，喧则雅趣乏矣。独啜曰神，二客曰胜，三四曰趣，五六曰泛，七八曰施。"

任务一　正确掌握泡茶水温

> **核心概念**

泡茶水温:俗话说"嫩茶泡、老茶沏",水温是决定茶汤色香味特征的重要因素之一,并不是所有茶叶千篇一律都用沸水冲泡。泡茶的水温应依据茶叶特征及原料等级做正确调整。

> **学习目标**

(1)能区分100℃、90℃、80℃水温的差别。

(2)能判断不同茶类应该使用多少度的水温冲泡。

(3)能用简洁易操作的方式快速降低水温。

> **基本知识**

(1)茶叶内含有多种可溶性成分,溶出量的多少及各种成分溶出的比例是构成茶汤色、香、味差异的主要原因。因此泡茶技法极为讲究,同一款茶,不同人冲泡,茶汤的色、香、味不尽相同。"泡茶水温、茶水比例、冲泡时间、冲泡次数"的掌握程度决定了茶汤质量,被称为泡茶四要素。

(2)泡茶水温的高低与茶叶的老嫩、松紧、大小有关。大致来说,茶叶原料粗老、松散的比茶叶细嫩、紧实、碎叶的茶汁浸出要慢,所以冲泡水温相对略高。各类中、低档的茶叶要用100℃水冲泡,高级、细嫩的名优茶,水温应控制在80~90℃。

≫→ 活动设计

一、活动条件

正确掌握泡茶水温的活动条件详见表8-1。

表8-1　任务一活动条件

名　称	规　格	个/组
红外测温仪	头宽90 mm、高138 mm、柄宽36 mm	1
电子秤	秤盘台面:长127 mm、宽108 mm	1
玻璃杯	200 mL	3
盖碗	150 mL	3
杯托	直径10~12 cm	3
茶道六君子	茶匙、茶夹、茶针、茶则、茶漏、茶筒	1
茶荷	6.5~12 cm	1
水盂	500~800 mL	1
茶巾	30 cm×30 cm	1
随手泡	1000 mL	1
茶叶	绿茶、白茶、黄茶、乌龙茶、红茶、黑茶	若干

二、活动组织

(1)教师展示并讲解各类茶叶的最佳冲泡水温。

(2)五人一组,选取一名学生当小组长,负责组织其余学生在课堂实操和课后拓展学习中分工合作、整理文案、拍照、录制视频、上传作业至学习平台。

(3)每组按照自己实操得出的结论,讲解泡茶水温的掌握方法。

(4)每组完成工作任务后,其他组的同学对其进行点评和补充。

三、活动实施

泡茶水温小实验,分别用 80℃、90℃、100℃的水温冲泡同一款茶,品茶汤滋味,在你最认可的冲泡水温后面打√,记录如下。

茶　　类	80℃	90℃	100℃
恩施玉露			
宜红工夫			
赤壁青砖			

四、活动评价

活动结束后进行活动评价,并记录在下表。

评价内容		评价标准	是/否
活动完成情况	活动一	能正确选取80℃水温冲泡	
	活动二	能正确选取90℃水温冲泡	
	活动三	能正确选取100℃水温冲泡	

▶➔┃课后作业┃......

(1)收集资料,了解哪些茶叶冲泡时需要降低水温?

(2)反复练习调水降水温的技巧。

任务二　正确选取茶水比例

〉核心概念

茶水比例:饮用浓茶,不利于健康;要想泡出一壶健康好茶,必须掌握正确的投茶量,投茶量即茶水比例,决定了茶汤滋味的浓淡程度。

〉学习目标

(1)能在初级阶段掌握使用电子秤量化投茶量。

(2)能正确掌握六大茶类的茶水比例。

> **基本知识**

(1)看茶投茶:常用茶水比例是 1:50,也就是 1 克茶叶加 50 mL 的水,乌龙茶、紧压茶是 1:30 的茶水比例,黑茶是 1:20 的茶水比例。

(2)看人投茶:需根据人数多少、器皿容量、地域习惯、茶叶特征、个人喜好、客人年龄等因素选择茶叶用量。因此,在为客人冲泡时应询问客人的具体需求。

>> **活动设计**

一、活动条件

正确选取茶水比例的活动条件详见表 8-2。

表 8-2 任务二活动条件

名　　称	规　　格	个/组
红外测温仪	头宽 90 mm、高 138 mm、柄宽 36 mm	1
电子秤	秤盘台面:长 127 mm、宽 108 mm	1
玻璃杯	200 mL	3
盖碗	150 mL	3
杯托	直径 10~12 cm	3
茶道六君子	茶匙、茶夹、茶针、茶则、茶漏、茶筒	1
茶荷	6.5~12 cm	1
水盂	500~800 mL	1
茶巾	30 cm×30 cm	1
随手泡	1000 mL	1
茶叶	绿茶、白茶、黄茶、乌龙茶、红茶、黑茶	若干

二、活动组织

(1)教师展示并讲解冲泡各类茶叶的最佳茶水比例。

(2)五人一组,选取一名学生当小组长。每组按照不同的茶叶用量冲泡同一种茶叶,组员负责品鉴茶汤,并做好茶汤浓淡的记录。

(3)每组完成工作任务后,师生及时点评纠错,再进行正确示范。

三、活动实施

选取 150 mL 盖碗做主泡器,分别用电子秤称取 3 克、7 克、9 克五峰毛尖、安溪铁观音两种茶,品茶汤滋味,在你最认可的投茶量选项中打√,并记录在下表。

茶　　叶	3克	7克	9克
五峰毛尖			
安溪铁观音			

四、活动评价

活动结束后进行活动评价,并记录在下表。

评价内容		评价标准	是/否
活动完成情况	活动一	能正确选取3克五峰毛尖冲泡	
	活动二	能正确选取7克安溪铁观音冲泡	

课后作业

熟记六大茶类冲泡的投茶比例。

任务三　正确掌握茶水冲泡时间

> **核心概念**

冲泡时间:茶叶内富含700多种化学成分,要想使茶叶中的营养物质充分浸出,泡茶过程中,要合理掌握茶叶在水中的浸润时间。

> **学习目标**

(1)能初步掌握各类茶的浸润时间。

(2)能运用正确的茶水浸润时间冲泡两种茶叶。

> **基本知识**

茶叶所含有的有效成分能够浸出多少,与茶叶的浸泡时间关系很大。根据研究测定,茶叶经沸水冲泡后,首先从茶叶中浸出的是维生素、氨基酸、咖啡因等,一般浸泡到3分钟时,上述物质在茶汤中已有较高的含量。这些物质的存在,使茶汤喝起来有鲜爽醇和之感,但不足的是缺少茶汤应有的刺激味。随着茶叶浸泡时间的延长,茶叶中的茶多酚类物质陆续被浸出来,一般当茶叶浸泡到5分钟时,茶汤中的多酚类物质已相当高了。这时的茶汤,喝起来鲜爽味减弱,苦涩味相对增加。因此,要泡上一杯既有鲜爽之感,又有醇厚之味的茶,

茶水浸润时间与冲泡次数、用茶数量、泡茶水温、饮茶习惯和制作工艺有重要关系。

(1)冲泡次数:随着茶叶冲泡次数越多,所需的浸润时间越来越长。

(2)用茶数量:投茶量大,所需的浸润时间较短,投茶量小,反之。

(3)泡茶水温:水温高,所需的浸润时间较短,水温低,反之。

(4)饮茶习惯:喜欢喝较浓的茶,所需浸润时间可稍长些,喜欢喝较淡的茶,反之。

(5)制作工艺:揉捻程度越重,所需浸润时间相对较短,揉捻程度越轻,反之。

 活动设计

一、活动条件

正确掌握茶水冲泡时间的活动条件详见表8-3。

表8-3 任务三活动条件

名　　称	规　　格	个/组
红外测温仪	头宽90 mm、高138 mm、柄宽36 mm	1
电子秤	秤盘台面：长127 mm、宽108 mm	1
计时器	长80 mm、宽78 mm	1
玻璃杯	200 mL	3
盖碗	150 mL	3
杯托	直径10～12 cm	3
茶道六君子	茶匙、茶夹、茶针、茶则、茶漏、茶筒	1
茶荷	6.5～12 cm	1
水盂	500～800 mL	1
茶巾	30 cm×30 cm	1
随手泡	1000 mL	1
茶叶	绿茶、白茶、黄茶、乌龙茶、红茶、黑茶	若干

二、活动组织

(1)教师展示并讲解冲泡各类茶叶的最佳浸润时间。

(2)五人一组，每组分别用同一种茶叶，三次不同的茶水浸润时间计时，其余同学负责品鉴茶汤，并做好茶汤滋味的记录。

(3)每组完成工作任务后，教师依次品鉴茶汤，并及时点评纠错。

三、活动实施

选取三个玻璃杯同时冲泡3克五峰毛尖、恩施玉露，以20秒、45秒、60秒的茶水浸润时间冲泡，出汤后品鉴，在你最认可的浸润时间后面打√，并记录在下表。

茶　　叶	20秒	45秒	60秒
五峰毛尖			
恩施玉露			

四、活动评价

活动结束后进行活动评价，并记录在下表。

评价内容		评价标准	是/否
活动完成情况	活动一	能准确掌握冲泡五峰毛尖的浸润时间	
	活动二	能准确掌握冲泡恩施玉露的浸润时间	

➡️ |课后作业|......

(1)简述茶水浸润时间的基本原理。

(2)练习冲泡五峰毛尖和恩施玉露,准确掌握茶水浸润时间。

任务四 正确掌握茶叶冲泡次数

核心概念

冲泡次数:茶叶的内含物质会在冲泡的过程中逐渐浸出,根据茶叶的原料以及客观存在的因素决定冲泡次数。

学习目标

(1)能根据茶叶的原料等级判断冲泡次数。

(2)能掌握各类茶的冲泡次数。

基本知识

茶叶能冲泡多少次,应根据茶叶种类和饮茶方式而定。在初制过程中把茶叶切碎,茶叶就容易冲泡,如各种袋泡茶和红碎茶,这类茶中的内含成分很轻易被沸水浸出,一般都是冲泡一次就将茶渣滤去,不再重泡。红茶、绿茶、花茶的茶汁浸出较慢,通常可浸泡2~3次。乌龙茶在冲泡时投叶量大,茶叶粗老,可以多泡几次。如享有"七泡有余香"的乌龙名茶铁观音可冲泡6~8次。普洱茶和陈茶则由于内含物质丰富,可以冲泡10次以上,老茶头甚至可以冲泡25次。

绿茶,一般可冲泡2~3次;黄茶,可冲泡3次;白茶可冲泡6~8次;乌龙茶,可冲泡6~8次;红茶,可冲泡3次;黑茶,可冲泡15次。原料越老,越耐泡。

➡️ |活动设计|......

一、活动条件

正确掌握茶叶冲泡次数的活动条件详见表8-4。

表8-4 任务四活动条件

名 称	规 格	个/组
红外测温仪	头宽90 mm、高138 mm、柄宽36 mm	1
电子秤	秤盘台面:长127 mm、宽108 mm	1
计时器	长80 mm、宽78 mm	1
玻璃杯	200 mL	3
盖碗	150 mL	3

续表

名　称	规　格	个/组
杯托	直径10～12 cm	3
茶道六君子	茶匙、茶夹、茶针、茶则、茶漏、茶筒	1
茶荷	6.5～12 cm	1
水盂	500～800 mL	1
茶巾	30 cm×30 cm	1
随手泡	1000 mL	1
茶叶	绿茶、白茶、黄茶、乌龙茶、红茶、黑茶	若干

二、活动组织

(1)教师展示并讲解冲泡各类茶叶最佳的冲泡次数。

(2)五人一组，每组分别冲泡三种不同的茶叶，组内同学轮流操作，并做好冲泡次数的记录。

(3)教师及时点评纠错。

三、活动实施

选取盖碗分别冲泡恩施玉露、武夷岩茶、普洱熟茶，根据茶叶的品质特征冲泡，并记录最佳冲泡次数如下。

茶　样	冲　泡　次　数
恩施玉露	
武夷岩茶	
普洱熟茶	

四、活动评价

活动结束后进行活动评价，并记录在下表。

评价内容		评价标准	是/否
活动完成情况	活动一	能准确掌握冲泡恩施玉露3次	
	活动二	能准确掌握冲泡武夷岩茶8次	
	活动三	能准确掌握冲泡普洱熟茶15次	

≫→ 课后作业

(1)名优绿茶常规可以冲泡_____次。

(2)随着冲泡次数增加，茶水浸润时间越_____。

项目九
掌握泡茶手法

茶中战友情

作为共和国的第一任总理,周总理深受人民的爱戴。他一生为人民鞠躬尽瘁,自己的爱好所剩不多,喝茶算是他保留下来的唯一爱好。

周总理非常喜欢喝六安瓜片,第一次喝六安茶,是叶挺将军任新四军军长时送给他的。从那以后,总理就与六安瓜片结下了不解之缘。

1975年12月,总理生病期间,突然对工作人员说,自己想喝六安瓜片。

六安瓜片对他来说,不仅仅是茶,更是一种深厚的革命情谊。当年总理在黄埔军校任政治部主任时,学员中有很大一部分是六安人,总理与他们结下了深厚的友谊。六安瓜片的浓郁、热烈,承载着总理在战火年间的革命激情和情感回忆。

电视剧《换了人间》中有一段周总理和太平猴魁的故事。

20世纪50年代初,李克农将军到总理办公室汇报工作。周总理热情地起身给李克农沏茶,李克农赶忙说:我自己来。周总理回答道:哪有让客人自己沏茶的? 我今天专门给你沏壶好茶,你来尝尝,是什么茶?

李克农接过茶杯,细细品尝后回答:这是我们家乡猴坑产的猴魁。总理很高兴,赞赏他:你不仅警觉高,味觉也很高嘛!

两人谈完工作,总理还送给李克农一盒太平猴魁,让他回去慢慢品尝。这个故事说明周总理不仅自己非常喜爱喝茶,也对战友有真挚的情谊。

任务一　用正确的手法取用器具

核心概念

泡茶手法：泡茶是一门技术，也是一门艺术，每种茶叶的泡法不尽相同，即便是同一种茶叶，原料老嫩度不同，冲泡方法也不相同；泡茶的基本手法是茶艺师必须掌握的基本操作技能。通常取用器具有捧取法和端取法两种。

捧取法：在泡茶过程中使用到较大的物品，例如茶洗、茶叶罐等则需采用捧取法。

端取法：多用于端取茶荷、茶盘、茶点、品茗杯等。

学习目标

(1)能掌握捧取法的正确操作。

(2)能掌握端取法的正确操作。

基本知识

双手掌心相对，捧住(如茶洗、茶叶罐、花瓶等较大物件)器具移至需安放的位置，轻放后双手收回，再继续捧取第二件物品。端取物件时双手手心向上、掌心下凹作"荷叶"状，平稳移动物件。常见端取茶荷、茶盘、茶点、品茗杯等。

活动设计

一、活动条件

茶艺实训室、茶荷、茶叶罐、茶洗、品茗杯、杯垫、奉茶盘。

二、活动组织

(1)每组五人，轮流实操捧取法和端取法。

(2)每组组长将同学实操的照片上传至学习平台。

(3)生生互评，师生共评，每组评选出一位操作最规范的学生上台模拟。

(4)教师重申捧取法和端取法的操作步骤，要求学生举一反三，反复训练。

三、活动实施

用正确的手法取用器具的活动实施详细见表9-1。

表9-1　任务一的活动实施

序　号	技 能 点	技 能 标 准
1	捧取法	(1)双手掌心相对捧住大件物品，抬至胸前平移至需要安放的位置； (2)轻放后双手收回，再继续捧取第二件物品
2	端取法	端取物件时双手手心向上、掌心下凹作"荷叶"状，平稳移动物件

四、活动评价

活动结束后进行活动评价，并记录在下表。

评 价 内 容		评 价 标 准	是/否
活动完成情况	活动一	操作手法正确,姿态优美	
	活动二	捧取或端取物件时沉肩坠肘	
		是否使用双手捧取或端取物件	

>>> 课后作业

两人一组,反复练习捧取法和端取法。

任务二 用正确的手法提壶

> 核心概念

提壶手法:提壶注水是泡茶中最核心的环节,持壶的手法直接影响注水的力度,影响茶汤质量。

> 学习目标

(1)能掌握正确的提壶手法。
(2)能正确运用握壶手法。

> 基本知识

目前,市面上运用最广泛的泡茶壶大致分为提梁壶、握把壶。每种壶的使用方法不尽相同,大都遵循实用原则,便于冲泡。

>>> 活动设计

一、活动条件

茶艺实训室、提梁壶、握把壶。

二、活动组织

(1)学生四人一组。
(2)各组学生轮流展开实训,完成实训任务,组长做记录。
(3)每项实训任务结束后,各组及时点评,积极改进。
(4)每组选派一个代表展示交流。

三、活动实施

用正确的手法提壶的活动实施详见表9-2。

表9-2 任务二的活动实施

序 号	技 能 点	技 能 标 准
1	提梁壶	(1)右手掌关节紧握提梁壶右侧的提梁把; (2)食指放在提梁的上方,用食指的指力轻轻下压提梁; (3)胳膊抬高,左手食指、中指按住壶的盖钮

序　号	技　能　点	技　能　标　准
2	握把壶	(1)右手虎口分开,平稳地握住壶把; (2)将壶提起倒水

四、活动评价

活动结束后进行活动评价,并记录在下表。

评　价　内　容		评　价　标　准	是/否
活动完成情况	活动一	按要求提壶手法正确	
	活动二	提壶过程中壶保持中正平稳	
		提壶姿态优美	

 课后作业

反复练习提梁壶和握把壶的提握方法。

任务三　用正确的手法握杯

> **核心概念**

握杯:在泡茶过程中,掌握握杯持物的规范动作,可培养学生在实操中的优雅气质,领悟到中国茶文化的礼仪之美。

> **学习目标**

(1)能正确掌握握杯(盖碗、紫砂壶、公道杯、闻香杯、品茗杯)手法。
(2)能综合运用握杯手法。

 活动设计

一、活动条件

茶艺实训室、盖碗、紫砂壶、公道杯、闻香杯、品茗杯。

二、活动组织

(1)每组五人,每人按照标准进行实训操作。
(2)完成一个技能点之后,教师及时点评纠错,再进行下一个技能点训练。

三、活动实施

用正确的手法握杯的活动实施详见表9-3。

表 9-3　任务三的活动实施

序　号	技　能　点	技　能　标　准
1	盖碗	(1)将碗盖打开15°,拇指、中指扣在碗身中间两侧,食指按在碗盖盖钮下凹处,无名指和小指自然贴合并拢; (2)三只手指拿盖碗是最普遍的一种拿法,称为"三指法"
2	紫砂壶	(1)右手拇指、中指抓握住壶把的上方; (2)食指指尖按住壶盖,其余二指靠拢
3	公道杯	(1)右手拇指、食指、中指抓住把柄的上方; (2)中指顶住把柄的中间,其余二指靠拢
4	闻香杯	(1)单手持杯,单手虎口张开,用大拇指和其余四指扶杯身,置鼻前闻茶香; (2)双手持杯,单手先拿起,然后双手掌心相对虚拢合十,除拇指外的四指捧杯置鼻前闻茶香
5	品茗杯	(1)女士右手持杯,用拇指和食指夹杯身,中指托住杯底,并舒展开兰花指; (2)男士右手持杯,拇指和食指夹杯,中指托住杯底,男士不翘兰花指,这样的持杯手势称为"三龙护鼎",三根指头誉为"三龙",茶杯如鼎

四、活动评价

活动结束后进行活动评价,并记录在下表。

评 价 内 容		评 价 标 准	是/否
活动完成情况	活动一	能正确区分茶具握杯手法	
	活动二	能快速、熟练地完成握杯操作	

|课后作业|......

(1)简述各器具握杯的要点。

(2)反复练习盖碗、紫砂壶、公道杯、闻香杯、品茗杯的握杯手法。

任务四　用正确的手法翻杯

> 核心概念

翻杯:无杯盖的器皿,如公道杯、品茗杯、闻香杯等倒放可以防尘,在泡茶的过程中,翻杯是必不可少的一个步骤。

> 学习目标

(1)能正确掌握翻杯(无柄杯、有柄杯)手法。

(2)能正确运用翻杯手法。

>> 活动设计

一、活动条件

茶艺实训室、盖碗、紫砂壶、公道杯、闻香杯、品茗杯。

二、活动组织

(1)每组五人,每人按照标准进行实训操作。
(2)完成一个技能点之后,大家及时点评纠错,再进行下一个技能点训练。

三、活动实施

用正确的手法翻杯的活动实施详见表9-4。

表9-4　任务四的活动实施

序　号	技　能　点	技　能　标　准
1	无柄杯	(1)右手虎口向下,手背向左,大拇指、食指与中指扣住茶杯外壁; (2)左手位于右手手腕下方,右手手腕逆时针翻转; (3)杯口朝下,将翻好的杯子轻轻放置在茶盘上
2	有柄杯	(1)右手虎口向下,食指插入柄环中; (2)用大拇指与食指、中指三指捏住杯柄,左手手背朝上,用大拇指、食指和中指压在茶杯底部; (3)双手同时向内转动手腕,茶杯翻好后轻放在茶盘上

四、活动评价

活动结束后进行活动评价,并记录在下表。

评　价　内　容		评　价　标　准	是/否
活动完成情况	活动一	能正确掌握翻杯的操作要点	
	活动二	能用优雅规范的动作翻杯	

>> 课后作业

(1)简述翻杯的要领,具体要求有哪些?
(2)练习翻杯的手法。

▼

任务五　用正确的手法温具

▲

> 核心概念

温具:温具的作用是提高器皿的温度,提升茶汤色香味的品质,同时起到再次清洁的作用。

> 学习目标

(1)能正确掌握温具(玻璃杯、盖碗、公道杯、品茗杯)手法。

（2）能正确运用温具手法。

｜活动设计｜

一、活动条件

茶艺实训室、玻璃杯、盖碗、公道杯、品茗杯。

二、活动组织

（1）每组五人，一名学生担任小组长，负责组织其他同学拍实操视频，上传到学习平台。

（2）按照实操标准模拟训练，生生互评，师生共评，每组评选出一位操作最规范的学生模拟展示。

三、活动实施

用正确的手法温具的活动实施详见表9-5。

表9-5　任务五的活动实施

序　号	技　能　点	技　能　标　准
1	玻璃杯	（1）右手提壶，逆时针转动向玻璃杯注入三分之一热水； （2）左手大拇指、食指和中指托住杯底，右手虎口打开，四指并拢，握住杯身； （3）逆时针方向转动杯子一圈回正，双手手腕协调转动使杯壁与热水充分接触
2	盖碗	（1）打开碗盖放置在盖置或碗托盘上； （2）右手提壶向碗中注水至八分满； （3）用三指法握住盖碗，将水倒掉
3	公道杯	（1）右手大拇指、食指和中指握住公道杯把柄； （2）左手大拇指、食指和中指托住杯底； （3）两手腕均匀用力逆时针转动，使杯壁七分高度与热水充分接触
4	品茗杯	（1）右手虎口打开，大拇指、食指和中指握住品茗杯杯身中间处； （2）左手大拇指、食指和中指托住杯底； （3）两手腕均匀用力逆时针转动，使杯壁七分高度与热水充分接触

四、活动评价

活动结束后进行活动评价，并记录在下表。

评价内容		评价标准	是/否
活动完成情况	活动一	温具的水与杯壁的接触不低于七分高度	
	活动二	温具时保持桌面干净无水渍	
	活动三	温品茗杯时手未接触到杯口	

**｜课后作业｜**

（1）简述温具的要领，有哪些具体要求？

（2）练习温具的手法。

任务六　用正确的手法置茶

核心概念

置茶：将一定数量的干茶置入茶杯或茶壶中，以备冲泡。亦称投茶，泡茶程序之一。

学习目标

（1）能理解置茶手法的要求。

（2）能正确使用置茶用具（茶匙、茶则）。

➤ 活动设计

一、活动条件

茶艺实训室、茶叶罐、茶荷、茶道六君子。

二、活动组织

（1）每组五人，轮流实操置茶。

（2）生生互评，师生共评，每组评选出一位操作最规范的学生模拟展示。

（3）师生及时点评纠错。

三、活动实施

用正确的手法置茶的活动实施详见表9-6。

表9-6　任务六的活动实施

序　号	技 能 点	技 能 标 准
1	茶匙置茶	（1）双手捧住茶叶罐，右手大拇指、食指和中指握住盖口； （2）逆时针打开盖子，将盖子取下后放置在茶巾上； （3）用茶匙拨取茶叶； （4）顺时针将盖子盖好
2	茶则置茶	（1）双手捧住茶叶罐，右手大拇指、食指和中指握住盖口； （2）逆时针打开盖子，将盖子取下后放置在茶巾上； （3）用茶则以拧毛巾的方式取茶叶； （4）顺时针将盖子盖好

四、活动评价

活动结束后进行活动评价，并记录在下表。

评 价 内 容		评 价 标 准	是/否
活动完成情况	活动一	置茶的过程中无茶叶洒落在桌面上	
	活动二	拿取茶则、茶匙置茶动作标准	

课后作业

(1)简述置茶的要点。

(2)练习置茶手法。

任务七 掌握正确的冲泡手法

核心概念

冲泡手法:一杯好茶,离不开正确的冲泡方法,茶叶的原料等级不同,冲泡的手法各异。

学习目标

(1)能正确掌握定点注水、环绕式注水、回旋高冲、凤凰三点头四种常用冲泡手法。

(2)能将四种冲泡手法灵活运用在实际泡茶中。

基本知识

冲泡时的动作要求:头正身直、目不斜视、双肩齐平、举臂沉肘(单手行茶时,另一只手握空心拳放置在桌上)。只有掌握了标准的冲泡手法才能将茶的汤色、香气、滋味、韵味发挥得淋漓尽致。

活动设计

一、活动条件

茶艺实训室、盖碗、玻璃杯、提梁壶、茶洗。

二、活动组织

(1)每组五人,轮流实操练习冲泡。

(2)教师及时点评纠错,示范讲解技能点。

(3)实训结束后,各组及时点评总结,积极改进。

三、活动实施

掌握正确的冲泡手法的活动实施详见表9-7。

表9-7 任务七的活动实施

序 号	技 能 点	技 能 标 准
1	定点注水	注水时,壶嘴低就,朝盖碗、壶、杯边缘的一个固定点注水;茶内物质释放舒缓,茶汤细腻柔和,适用于紧压茶
2	环绕式注水	环绕着茶壶、茶杯、盖碗的边缘一圈,逆时针回旋冲水,适用于嫩度较高的茶叶

序　号	技　能　点	技　能　标　准
3	回旋高冲	环绕着茶壶、茶杯、盖碗的边缘一圈,逆时针回旋冲水,将水线拉高,高冲有利于茶叶舒展,激发茶香,增加茶汤的饱满度,适用于高香型茶
4	凤凰三点头	手持壶高冲低斟反复3次,对客人表示敬意和欢迎,多用于玻璃杯和盖碗的冲泡技法,也是泡茶技和艺结合的典型

四、活动评价

活动结束后进行活动评价,并记录在如下表。

评　价　内　容		评　价　标　准	是/否
活动完成情况	活动一	回旋注水沿着碗壁流入未直接冲到茶叶	
	活动二	凤凰三点头注水水线保持连贯	
	活动三	注水时桌面无水花四溅	

➡ 课后作业

反复练习定点注水、环绕式注水、回旋高冲、凤凰三点头四种冲泡手法。

任务八　掌握正确的茶巾折法

> **核心概念**

茶巾:又称为"茶布",也叫"洁方",其主要功用是干壶,于酌茶之前将茶壶或茶海底部衔留的杂水擦干,是在泡茶品茶过程中时刻保持茶具干爽的物件。

> **学习目标**

(1)能掌握折茶巾的三种技法,即简易法、对折法、叠被子法。

(2)能运用基本技法折出各类茶巾。

> **基本知识**

茶巾材质类别及其特点:

(1)纯棉:具有较好的吸湿性,在正常情况下可从大气中吸收水分,柔软而不僵硬。

(2)棉麻:色谱齐全,色泽也比较鲜艳,吸水性强。

(3)棉纱:纤维具有伸直平行、结杂少、光泽好、条干匀、强力高等特性。

(4)珊瑚绒:一种新型面料,质地细腻,手感柔软;不易掉毛,不起球不掉色;对皮肤无任何刺激,不过敏;外形美观,颜色丰富。

(5)双面绒:具有优良的除尘效果,高吸水性,柔软,不会损伤物体表面,手感舒适,清洁功能强大,不易引起化学反应等特点。

 活动设计

一、活动条件

茶艺实训室、小茶巾、正方形茶巾(各种材质与规格)若干。

二、活动组织

(1)每组五人,学习实操折茶巾的基本技法。

(2)完成一种技法操作之后,大家及时点评纠错,再进行下一个技法操作。

三、活动实施

掌握正确的茶巾折法的活动实施详见表9-8。

表9-8　任务八的活动实施

序　号	技　能　点	技　能　标　准
1	简易法	对折一次即可,折口处正对茶艺师,一般多用于小茶巾
2	对折法	(1)将正方形茶巾平铺在桌面上; (2)三等份横竖对折两次; (3)将折好的茶巾放置在茶桌上,折口处正对茶艺师
3	叠被子法	(1)将正方形茶巾平铺在桌面上; (2)像叠被子一样,以平行的两条折线,将茶巾分成三部分,两边向内折入; (3)完成后将折口处正对茶艺师

四、活动评价

活动结束后进行活动评价,并记录在下表。

评　价　内　容		评　价　标　准	是/否
活动完成情况	活动一	操作动作规范标准	

>> 课后作业

(1)自主练习三种基本折茶巾技法。

(2)学会综合运用基本技法折出各类茶巾。

项目十一
掌握泡茶技法

名副其实的茶博士

　　长袍与茶，是胡适给大多数人的第一印象。他也好酒，却不善饮。他反复抽烟，反复戒烟。他喜欢打牌，一玩就是数天。他喜欢开茶会，喜欢与不同行业、不同年纪的人坐在一起把杯言欢。

　　胡适出身于安徽省茶叶世家，出生在上海的程裕新茶栈，这个巧合大约为胡适终身嗜茶提供了一种解释。

　　其父胡铁花说："余家世以贩茶为业。先曾祖考创开万和字号茶铺于江苏川沙厅城内，身自经理，藉以为生。"到胡适这一代，胡家已经经营茶叶150年有余。两家茶叶店养活了胡氏一家四房，也为胡家有志为学的人提供了经济来源。胡适在自传、演讲中，大都以"我是徽州人"开头。

　　他深爱这片土地，常以徽州土特产自居。徽州的土特产中，又以茶叶与人闻名天下。茶有黄山毛峰、祁门红茶、六安瓜片与太平猴魁等，人有朱熹、戴震等，徽商同样也是影响甚大的群体。

　　胡适喜欢边喝茶边聊天，在给族亲胡近仁(1883—1932)的信中说"文人学者多嗜饮茶，可助文思"。茶助文思，是中国文人、学者、高僧的共识。嗜好饮茶似乎是胡适偏好传统的一个佐证，他留美后，没有学会喝咖啡，也没有爱上可乐，只会偶尔饮一点洋酒。

任务一 掌握绿茶的冲泡技法

> **核心概念**

绿茶:中国的主要茶类之一,绿茶最讲究外形和色泽,具有"清汤绿叶,绿汤绿叶"的特点,是历史最悠久、品种最多、产量最高、消费面最广的一类茶。冲泡绿茶宜选用玻璃杯,可直观地欣赏整个冲泡过程。冲泡方便,居家办公旅行皆可。冲泡绿茶要保持它的鲜爽口感,水温80～85℃即可,不宜用沸水猛冲,会破坏茶叶中的多酚类物质。

> **学习目标**

(1)掌握绿茶玻璃杯冲泡的基本步骤。

(2)掌握上投法、中投法和下投法的基本操作。

(3)能够进行绿茶玻璃杯冲泡的茶艺表演。

> **基本知识**

(1)上投法:先注水,再投茶,让茶叶慢慢沉下去。身骨重、多芽毫的名优绿茶一般适合用上投法,如碧螺春、信阳毛尖等。由于身骨重,茶叶投入水中会慢慢自行下沉,逐渐释放内含物质,表面上附着的茶毫也缓慢地在水中散开,这样泡出来的茶汤口感鲜活,并且也不会因为茶毫过多而显得浑浊。

(2)中投法:先注水,注满容器三分之一的高度,然后投茶,等茶浸润一会儿,再注水。中投法一般适合泡龙井一类的绿茶。注水时注意水柱高细些,同时可以控制水温。采用中投法,不用担心鲜嫩的绿茶因水温过高而出现涩味。

(3)下投法:先投茶,再注水。太平猴魁、六安瓜片一类的绿茶适合用下投法冲泡,这类茶的叶片不是特别嫩,且叶片面积较大,想要滋味更饱满,应先投茶再倒水。

(4)绿茶冲泡不宜盖盖子,否则茶汤会发黄。用玻璃杯冲泡,还可以看到茶叶自然舒展下沉的形态,不失为一种诗意。

≫➔ |活动设计|......

一、活动组织

实训安排:

实训项目	绿茶玻璃杯冲泡
实训要求	(1)掌握绿茶玻璃杯冲泡的基本步骤; (2)掌握上投法、中投法和下投法的基本操作; (3)能够进行绿茶玻璃杯冲泡的茶艺表演
实训时间	90分钟
实训条件	(1)可以容纳60人实操的茶艺实训室; (2)投影仪、音响、茶服; (3)随手泡、水盂、茶叶罐、茶荷、茶道六君子、茶巾、直筒玻璃杯、奉茶盘等; (4)茶叶:恩施玉露、安吉白茶、西湖龙井
实训方法	示范法、情景模拟、分组练习、茶艺表演

实训步骤：

(1)教师示范并讲解绿茶玻璃杯泡法的基本步骤。

(2)学生分组练习上投法、中投法和下投法的基本操作。

(3)师生配合分组进行茶艺表演。

(4)学生完成实训报告,填写下列实训报告单。

(5)教师及时点评总结。

实训报告单：

组　别	班　级	小组成员姓名	分工情况	小组成员互评	教师点评

二、活动实施

1. 备具行礼

绿茶玻璃杯冲泡的备具行礼如图 10-1 和图 10-2 所示。

图 10-1　备具(1)　　　　　　　　　　图 10-2　行礼(1)

2. 布具

遵循美观实用原则,依次将随手泡、茶洗、茶巾、茶道六君子、茶叶罐、茶荷呈外八字形摆放。(见图 10-3)

图 10-3　布具(1)

3. 取茶

拿取茶则,从茶叶罐中盛取若干克茶叶置于茶荷中。(见图 10-4)

图 10-4　取茶(1)

4. 赏茶

请客人欣赏待泡茶叶的形状、颜色、香气,双手拿取茶荷,对外倾斜 15 度,自右向左平移展示。(见图 10-5)

图 10-5　赏茶(1)

5. 温杯

提壶依次向玻璃杯注入茶杯容量三分之一的沸水。右手握茶杯基部,左手托杯底。双手手腕逆时针转动杯子,杯沿逆时针回旋,使杯壁七分的高度与沸水接触,再将水倒入茶洗。(见图 10-6)

图 10-6　温杯(1)

6. 投茶

拿取茶匙,依次将适量茶叶投入三个玻璃杯中。(见图10-7)

图10-7 投茶(1)

7. 浸润泡

提壶向玻璃杯注入茶杯容量三分之一的沸水,右手握茶杯基部,左手托杯;双手手腕逆时针快速转动杯子三圈后回正。(见图10-8)

图10-8 浸润泡(1)

8. 冲泡

运用凤凰三点头的方式冲泡,提壶注水至杯中七分满。(见图10-9)

图10-9 冲泡(1)

9. 奉茶

依次将三杯茶奉给客人,右手持杯,左手托杯,双手敬奉,行伸掌礼,并说"您好,请用茶!"当品饮者杯中留有三分之一左右茶汤时应该续水。嫩度高的茶叶续一次水,一般可续两次水,用凤凰三点头的注水手法续水。(见图10-10)

图10-10 奉茶(1)

10. 收具

奉茶结束,收拾茶具,茶具归位。清洁桌面和地面垃圾。(见图 10-11)

图 10-11　收具(1)

三、活动评价

活动结束后进行活动评价,并记录在下表。

序　号	项　目	要　　　求	总　　分	得　分
1	仪容仪表	服饰干净整洁,表情自然,动作端庄大方	5	
2	布具	茶具准备齐全,摆放合理有序	5	
3	赏茶	动作轻柔大方,干茶不掉,介绍生动简洁	10	
4	温杯	水量均匀,逆时针回旋	10	
5	投茶	投茶方式选择恰当,投茶量正确	10	
6	浸润泡	注水量合理,水流沿杯壁下落,无水花四溅	10	
7	冲泡	熟练运用低斟高冲和凤凰三点头的冲泡手法,及时续水	10	
8	分茶	茶汤均匀,至杯中七分满	10	
9	奉茶	依次奉茶,使用礼貌用语,行伸掌礼	10	
10	品茶	持杯姿势正确,姿态优雅大方	10	
11	收具	茶具归位,清洁干净,摆放整齐	10	
总分			100	

>→ |**课后作业**|……

(1)简述绿茶玻璃杯泡法的基本步骤。
(2)反复练习绿茶玻璃杯泡法。

任务二　掌握红茶的冲泡技法

> **核心概念**

　　红茶:属全酵茶,红茶茶性温和、滋味醇厚,兼容性强。红茶中含有大量的茶黄素、茶红素等多酚类化合物,这类物质具有很强的抗脂质氧化作用,可抑制血管脂质过氧化和血小板的凝集,从而可预防冠心病或中风,还能有助减少心脏病的发作。红茶的抗衰老效果强于大蒜、西兰花和胡萝卜等。国内崇尚清饮法,适用盖碗冲泡；国外习惯调饮法，可与牛奶、蜂蜜、花、水果等调饮。

> **学习目标**

  (1)掌握红茶盖碗冲泡的基本步骤。

  (2)掌握红茶盖碗冲泡的方法与技巧。

  (3)能够进行红茶盖碗冲泡的茶艺表演。

> **基本知识**

  红茶的冲泡大致分为清饮法和调饮法两种。冲泡红茶时，应根据红茶的原料特征调整水温，把握"嫩度高水温偏低，原料粗老水温偏高"的原则，红茶冲泡的水温为90～95℃，茶水比为1∶50，浸润时间参照红茶揉捻的程度，揉捻重则茶叶内质物易析出，浸润时间短，揉捻轻则浸润时间相对较长。工夫红茶一般可冲泡2～3次，红碎茶(袋泡茶)一般冲泡一次，嫩度高的红茶无须洗茶。

  在红茶的制作工艺中，揉捻发酵时间长，所以出汤时间不宜过长，注水后尽快出汤，且出汤要干净，不要留有余水与茶叶接触太久，以免泡坏茶叶，影响口感。每一泡出汤后打开盖子散热。

»» **活动设计**

一、活动组织

实训安排：

实训项目	红茶盖碗冲泡
实训要求	(1)掌握红茶盖碗冲泡的基本步骤； (2)掌握红茶盖碗冲泡的重要技法(水温、投茶量、浸润时间、冲泡次数)； (3)能够进行红茶盖碗冲泡的茶艺表演
实训时间	90分钟
实训条件	(1)可以容纳60人实操的茶艺实训室； (2)投影仪、音响、茶服； (3)随手泡、盖碗、水盂、茶叶罐、茶荷、茶道六君子、茶巾、奉茶盘等； (4)茶叶：宜红工夫、滇红工夫、正山小种
实训方法	示范讲解、情景模拟、分组练习、茶艺表演

实训步骤：

(1)教师示范并讲解红茶盖碗冲泡的基本步骤。

(2)学生分组练习冲泡红茶的基本操作。

(3)师生配合分组进行宜红工夫茶艺表演。

(4)学生完成实训报告，填写下列实训报告单。

(5)教师及时点评总结。

实训报告单：

组　别	班　级	小组成员姓名	分工情况	小组成员互评	教师点评

组　别	班　级	小组成员姓名	分 工 情 况	小组成员互评	教 师 点 评

二、活动实施

1. 备具行礼

红茶盖碗冲泡的备具行礼如图 10-12 和图 10-13 所示。

图 10-12　备具(2)　　　　　　　　　　　图 10-13　行礼(2)

2. 布具

遵循美观实用原则,依次将随手泡、茶洗、茶巾、茶道六君子、茶叶罐、茶荷呈外八字形摆放。(见图 10-14)

3. 取茶

拿取茶则,从茶叶罐中盛取适量红茶置于茶荷中。(见图 10-15)

图 10-14　布具(2)　　　　　　　　　　　图 10-15　取茶(2)

4. 赏茶

请客人欣赏待泡茶叶的形状、颜色、香气,双手拿取茶荷,对外倾斜 15 度,自右向左平移展示。(见图 10-16)

图 10-16　赏茶(2)

5. 温具

首先提壶在盖碗和公道杯中注满沸水,再将水倒入茶洗中。(见图 10-17)

图 10-17　温具

6. 投茶

拿取茶匙,将适量红茶投入盖碗中。(见图 10-18)

7. 浸润泡

提壶向盖碗中注入三分之一容量的沸水,没过茶叶。(见图 10-19)

图 10-18　投茶(2)　　　　　　　　图 10-19　浸润泡(2)

8. 摇香

右手握杯壁,左手托杯底。双手手腕逆时针快速转动盖碗,三圈回正,使茶叶在水里充分浸润。(见图 10-20)

图 10-20　摇香(1)

9. 冲泡

运用定点注水的方式冲泡。(见图 10-21)

10. 温杯

右手握住品茗杯,左手托住品茗杯底部,双手手腕逆时针转动杯子,杯沿逆时针回旋,使杯壁七分的高度与沸水接触,再将品茗杯中的水依次倒入茶洗中。(见图 10-22)

图 10-21　冲泡(2)　　　　　　　　　　图 10-22　温杯(2)

11. 分茶

将泡好的茶汤倒入公道杯中,再将公道杯中的茶汤均匀分到品茗杯至七分满。(见图 10-23)

图 10-23　分茶(1)

12. 奉茶

双手敬奉,行伸掌礼,并说"您好,请用茶"!(见图 10-24)

图 10-24　奉茶(2)

13. 收具

奉茶结束,收拾茶具,茶具归位。清洁桌面和地面垃圾。(见图 10-25)

图 10-25 收具(2)

三、活动评价

活动结束后进行活动评价,并记录在下表。

序　号	项　目	要　求	总　分	得　分
1	仪容仪表	服饰干净整洁,表情自然,动作端庄大方	5	
2	布具	茶具准备齐全,摆放合理有序	5	
3	赏茶	动作轻柔大方,干茶不掉,介绍生动简洁	10	
4	温具	水量均匀,逆时针回旋	10	
5	取茶	投茶方式选择恰当,投茶量正确	10	
6	浸润泡	注水量合理,水流沿杯壁下落,无水花四溅	10	
7	冲泡	熟练运用定点注水	10	
8	分茶	茶汤均匀,至杯中七分满	10	
9	奉茶	依次奉茶,使用礼貌用语,行伸掌礼	10	
10	品茶	持杯姿势正确,姿态优雅大方	10	
11	收具	茶具归位,清洁干净,摆放整齐	10	
总分			100	

》→ 课后作业

(1)简述红茶盖碗冲泡的基本步骤。
(2)反复练习红茶盖碗冲泡。

任务三 掌握乌龙茶的冲泡技法

》核心概念

乌龙茶:属半发酵茶,以高香茶著称。其品质介于绿茶和红茶之间,具有绿茶的清香,红茶的醇厚,有绿叶红镶边的特征。泡乌龙茶,最好选用紫砂壶或盖碗,可以留住乌龙茶独特的香味。泡茶前需温杯烫壶,茶也需用沸水冲泡,讲究高冲低斟,最大限度地把茶叶的香气激发出来。

》学习目标

(1)掌握乌龙茶双杯沥泡的基本步骤。

（2）掌握乌龙茶双杯沏泡的方法与技巧。

（3）能够进行乌龙茶双杯沏泡的茶艺表演。

> **基本知识**

　　乌龙茶叶片比较粗大，茶汤要达到滋味浓厚，冲泡时茶叶的用量多于其他茶类。紧结的半球型乌龙茶，投茶要占到茶壶体积的 1/4～1/3；若是松散的乌龙茶，则需占到茶壶的一半。茶水比约 1：20，由于乌龙茶含有某些特殊的芳香物质，需要在比较高的温度下才能挥发出来，这要求水沸后立即冲泡。水温高，茶汁浸出率高，乌龙茶的有效成分才能被完全充分地浸泡出来，茶味浓，茶香易发，滋味也醇，更能品出乌龙茶独特的韵味。条形的单丛茶和岩茶的冲泡要点是即冲即出，颗粒形乌龙茶冲泡时间可以稍微长一点，等茶叶舒展之后再加快出汤速度。乌龙茶耐冲泡，品质好的可冲泡 7～8 次，每次冲泡的时间由短到长。

≫➡ |活动设计| ......

一、活动组织

实训安排：

实训项目	乌龙茶双杯沏泡
实训要求	（1）掌握乌龙茶双杯沏泡的基本步骤； （2）掌握乌龙茶双杯沏泡的方法与技巧； （3）能够进行乌龙茶双杯沏泡的茶艺表演
实训时间	90 分钟
实训条件	（1）可以容纳 60 人实操的茶艺实训室； （2）投影仪、音响、茶服； （3）随手泡、水盂、茶叶罐、茶荷、茶道六君子、茶巾、紫砂壶、闻香杯、公道杯、品茗杯、奉茶盘等； （4）茶叶：铁观音、武夷岩茶、凤凰单丛、东方美人
实训方法	示范讲解、分组练习、小组讨论

实训步骤：

(1)教师展示并讲解示范乌龙茶双杯沏泡的冲泡流程。

(2)学生分组练习。

(3)学生完成实训报告，填写下列实训报告单。

(4)教师及时点评总结。

实训报告单：

组　别	班　级	小组成员姓名	分工情况	小组成员互评	教师点评

二、活动实施

1. 备具行礼

乌龙茶双杯沏泡的备具行礼如图 10-26 和图 10-27 所示。

图 10-26　备具(3)　　　　　　　图 10-27　行礼(3)

2. 布具

遵循美观实用原则,依次将随手泡、杯垫、茶巾、茶道六君子、茶叶罐、茶荷呈外八字形摆放。(见图 10-28)

图 10-28　布具(3)

3. 翻杯

按顺序依次翻闻香杯和品茗杯。(见图 10-29)

图 10-29　翻杯

4. 取茶

拿取茶则,从茶叶罐中盛取适量乌龙茶置于茶荷中。(见图 10-30)

5. 赏茶

请客人欣赏待泡茶叶的形状、颜色、香气,双手拿取茶荷,对外倾斜 15 度,自右向左平移展示。(见图 10-31)

图 10-30　取茶（3）

图 10-31　赏茶（3）

6. 温壶

首先提壶向紫砂壶注入沸水，再将紫砂壶中的水倒入湿泡台。（见图 10-32）

图 10-32　温壶

7. 投茶

拿取茶匙，将适量茶叶投入紫砂壶中。（见图 10-33）

图 10-33　投茶（3）

8. 温润泡

向紫砂壶注满沸水，再将壶身均匀淋湿。(见图 10-34)

图 10-34 温润泡(1)

9. 倒茶

将紫砂壶中的水倒入闻香杯和品茗杯中。(见图 10-35)

10. 冲泡

用悬壶高冲的注水方式向紫砂壶中注满沸水。(见图 10-36)

图 10-35 倒茶   图 10-36 冲泡(3)

11. 温杯

将闻香杯中的水依次浇淋壶身，用"狮子滚绣球"的手法依次温品茗杯。(见图 10-37)

图 10-37 温杯(3)

12. 分茶

(1)以关公巡城的手法将紫砂壶中的茶汤依次倒入闻香杯中(见图 10-38)。

(2)以韩信点兵的手法将最浓的茶汁平均分配到每个闻香杯中(见图 10-39)。

图 10-38　关公巡城式分茶

图 10-39　韩信点兵式分茶

（3）以扭转乾坤的手法将闻香杯和品茗杯 360 度翻转过来（见图 10-40）。

图 10-40　扭转乾坤式分茶

13. 奉茶

双手敬奉，行伸掌礼，并说"您好，请用茶！"（见图 10-41）

图 10-41　奉茶（3）

14. 收具

奉茶结束,收拾茶具,茶具归位。清洁桌面和地面垃圾。(见图10-42)

图 10-42　收具(3)

三、活动评价

活动结束后进行活动评价,并记录在下表。

序　号	项　目	要　求	总　分	得　分
1	仪容仪表	服饰干净整洁,表情自然,动作端庄大方	5	
2	布具	茶具准备齐全,摆放合理有序	5	
3	赏茶	动作轻柔大方,干茶不掉,介绍生动简洁	10	
4	温壶	水量均匀,逆时针回旋	10	
5	投茶	投茶方式选择恰当,投茶量正确	10	
6	温润泡	注水量合理,水流沿杯壁下落,无水花四溅	10	
7	冲泡	熟练运用定点注水和悬壶高冲的注水方式	10	
8	分茶	关公巡城、韩信点兵、扭转乾坤技法标准	10	
9	奉茶	依次奉茶,使用礼貌用语,行伸掌礼	10	
10	品茶	持杯姿势正确,姿态优雅大方	10	
11	收具	茶具归位,清洁干净,摆放整齐	10	
		总分	100	

» ➡ ▎课后作业▎

(1)简述乌龙茶双杯沏泡的基本步骤。

(2)反复训练乌龙茶双杯沏泡法。

任务四　掌握黄茶的冲泡技法

> 核心概念

　　黄茶:属轻发酵茶,其品质特征是黄汤黄叶,黄茶的制作工艺近似绿茶,只是多了一道"闷黄"的工艺,因此它既有绿茶的鲜爽,也有独特的甘醇滋味。按照黄茶的分类,黄芽茶如君山银针宜用玻璃杯冲泡,冲泡方

法同绿茶玻璃杯泡法一致;黄小茶、黄大茶则宜用盖碗冲泡。

> **学习目标**

(1)掌握黄茶盖碗冲泡的基本步骤。

(2)掌握黄茶盖碗冲泡的方法与技巧。

(3)能够进行黄茶盖碗冲泡的茶艺表演。

> **基本知识**

黄茶的内质以黄汤明亮为优,黄暗和黄浊为次,香气以焦糖香为优,有闷浊气为差,滋味以醇和鲜爽、回甘、收敛性弱为好,苦、涩、闷为次。要到达此标准,掌握黄茶的冲泡方法十分关键。黄茶的鲜叶采摘讲究鲜嫩,泡茶水温以80~90℃为宜,第一泡30秒左右出汤,之后可以适当延长出汤时间。值得注意的是,制作黄茶使用"闷黄"工艺,但冲泡黄茶却忌"闷",即不要闷盖,不然茶汤会有较浓的涩味。

≫→ 活动设计

一、活动组织

实训安排:

实训项目	黄茶盖碗冲泡
实训要求	(1)掌握黄茶盖碗冲泡的基本步骤; (2)掌握黄茶盖碗冲泡的方法与技巧; (3)能够进行黄茶盖碗冲泡的茶艺表演
实训时间	90分钟
实训条件	(1)可以容纳60人实操的茶艺实训室; (2)投影仪、音响、茶服; (3)随手泡、水盂、茶叶罐、茶荷、茶道六君子、茶巾、盖碗、公道杯、品茗杯、奉茶盘等; (4)茶叶:君山银针、霍山黄芽
实训方法	示范讲解、情景模拟、分组练习、小组讨论

实训步骤:

(1)教师示范并讲解黄茶盖碗冲泡的基本步骤。

(2)学生分组练习冲泡黄茶的基本操作。

(3)师生配合分组进行霍山黄芽冲泡的茶艺表演。

(4)学生完成实训报告,填写下列实训报告单。

(5)教师及时点评总结。

实训报告单:

组　别	班　级	小组成员姓名	分工情况	小组成员互评	教师点评

二、活动实施

1. 备具行礼

黄茶盖碗冲泡的备具行礼如图 10-43 和图 10-44 所示。

图 10-43　备具(4)　　　　　　　　　图 10-44　行礼(4)

2. 布具

遵循美观实用原则，依次将随手泡、茶洗、茶巾、茶道六君子、茶叶罐、茶荷呈外八字形摆放。
（见图 10-45）

图 10-45　布具(4)

3. 取茶

拿取茶则，从茶叶罐中盛取适量茶叶，置于茶荷中。（见图 10-46）

图 10-46　取茶(4)

4. 赏茶

请客人欣赏待泡茶叶的形状、颜色、香气，双手拿取茶荷，对外倾斜 15 度，自右向左平移展示。（见图 10-47）

图 10-47　赏茶(4)

5. 温杯

温杯的作用是提升器皿的温度,增加茶汤的品质。提壶向玻璃杯注入三分之一容量的沸水。

右手握茶杯基部,左手托杯底。双手手腕逆时针转动杯子,杯沿逆时针回旋,使杯壁七分的高度与沸水接触,再将水倒入茶洗。(见图 10-48)

图 10-48　温杯(4)

6. 投茶

拿取茶匙,依次将适量茶叶投入三个玻璃杯中。(见图 10-49)

图 10-49　投茶(4)

7. 浸润泡

提壶向玻璃杯注入茶杯容量三分之一的沸水,右手握茶杯基部,左手托杯,双手手腕逆时针快速转动杯子三圈回正。(见图 10-50)

图 10-50　浸润泡(3)

8. 冲泡

运用凤凰三点头的手法冲泡,提壶注水至杯中七分满。(见图 10-51)

图 10-51　冲泡(4)

9. 奉茶

依次将三杯茶奉给来宾,右手持杯,左手托杯,双手敬奉,行伸掌礼,并说"您好,请用茶!"当品饮者杯中留有三分之一左右茶汤时应该续水。嫩度高的茶叶续一次水,一般可续两次水,用凤凰三点头的注水手法续水。(见图 10-52)

图 10-52　奉茶(4)

10. 收具

奉茶结束,收拾茶具,茶具归位。清洁桌面和地面垃圾。(见图 10-53)

图 10-53 收具(4)

三、活动评价

活动结束后进行活动评价,并记录在下表。

序　号	项　目	要　求	总　分	得　分
1	仪容仪表	服饰干净整洁,表情自然,动作端庄大方	10	
2	布具	茶具准备齐全,摆放合理有序	10	
3	赏茶	动作轻柔大方,干茶不掉,介绍生动简洁	10	
4	温杯	水量均匀,逆时针回旋	10	
5	投茶	投茶方式选择恰当,投茶量正确	10	
6	浸润泡	注水量合理,水流沿杯壁下落,无水花四溅	10	
7	冲泡	熟练运用凤凰三点头	10	
8	奉茶	依次奉茶,使用礼貌用语,行伸掌礼	10	
9	品茶	持杯姿势正确,姿态优雅大方	10	
10	收具	茶具归位,清洁干净,摆放整齐	10	
	总分		100	

▶▶▶ ▌课后作业▌ ⋯⋯⋯

(1)简述黄茶盖碗冲泡的基本步骤。

(2)反复练习黄茶盖碗泡法。

任务五　掌握黑茶的冲泡技法

> **核心概念**

　　黑茶:属于后发酵茶,因持续发酵的原因,被誉为"可以喝的古董"。通常采用厚壁紫砂壶、陶壶冲泡(砖茶可煮饮)。

> **学习目标**

(1)掌握黑茶紫砂壶冲泡的基本步骤。

(2)掌握黑茶紫砂壶冲泡的方法与技巧。

(3)掌握黑茶煮茶的方法与技巧。

（4）能够进行黑茶紫砂壶冲泡的茶艺表演。

> **基本知识**

黑茶多是紧压茶，原料较粗老，需用沸水冲泡。在后发酵和储存的过程中，会产生一些仓储、陈旧的气味。因此，泡茶时第一泡、第二泡茶汤不喝，称为"醒茶"。黑茶滋味醇和，顺滑，尤其是年份长的老茶要冲泡出其独特品质，需要掌握科学的冲泡方法及煮茶方法，茶水比为 1∶20，首泡浸润时间约 20 秒，冲泡次数 10～15 次。醒茶时需快速出汤。冲泡黑茶用沸水，器具可用紫砂壶、盖碗，也可直接煮着喝。用盖碗泡茶时，需沿着盖碗边缘注水，不要直接冲到茶叶上。

≫→ 活动设计

一、活动组织

实训安排：

实训项目	黑茶紫砂壶冲泡
实训要求	（1）掌握黑茶紫砂壶冲泡的基本步骤； （2）掌握黑茶紫砂壶冲泡的方法与技巧； （3）掌握黑茶煮茶的方法与技巧； （4）能够进行黑茶紫砂壶冲泡的茶艺表演
实训时间	90 分钟
实训条件	（1）可以容纳 60 人实操的茶艺实训室； （2）投影仪、音响、茶服； （3）随手泡、水盂、茶叶罐、茶荷、茶道六君子、茶巾、紫砂壶、公道杯、品茗杯、奉茶盘等； （4）茶叶：普洱茶、青砖茶、茯砖茶
实训方法	示范讲解、情景模拟、分组练习、小组讨论

实训步骤：

（1）教师示范并讲解黑茶紫砂壶冲泡的基本步骤。

（2）学生分组练习黑茶紫砂壶冲泡和煮茶的基本操作。

（3）师生配合分组进行黑茶紫砂壶冲泡的茶艺表演。

（4）学生完成实训报告，填写下列实训报告单。

（5）教师及时点评总结。

实训报告单：

组 别	班 级	小组成员姓名	分 工 情 况	小组成员互评	教 师 点 评

二、活动实施

1. 备具行礼

黑茶紫砂壶冲泡的备具行礼如图 10-54 和图 10-55 所示。

图 10-54 备具(5)

图 10-55 行礼(5)

2. 布具

依次将随手泡、紫砂壶、茶洗、茶则、茶匙、茶巾、公道杯、品茗杯摆放到位。主泡器紫砂壶放置茶席正中间,正对茶艺师鼻尖下方,公道杯摆放在紫砂壶左侧斜向上方 45 度,随手泡放在茶桌左侧与紫砂壶平行。茶则放在紫砂壶右侧与之平行,茶洗摆放在茶桌右上角,品茗杯与茶洗平行摆放成一条直线,茶巾摆放在紫砂壶左侧。(见图 10-56)

3. 赏茶

请客人欣赏待泡茶叶的形状、颜色、香气,双手拿取茶荷,对外倾斜 15 度,自右向左平移展示。(见图 10-57)

图 10-56 布具(5)

图 10-57 赏茶(5)

4. 温杯

提壶注水,依次温紫砂壶、公道杯、品茗杯。(见图 10-58)

图 10-58 温杯(5)

5. 投茶

拿取茶匙,将适量茶叶迅速投入紫砂壶中。(见图 10-59)

6. 温润泡

提壶向紫砂壶内注满沸水后,快速将第一泡、第二泡茶汤倒入茶洗。(见图 10-60)

图 10-59 投茶(5)   图 10-60 温润泡(2)

7. 冲泡

运用定点注水的方式冲泡,约 20 秒后出汤至公道杯中。(见图 10-61)

图 10-61 冲泡(5)

8. 分茶

将品茗杯中温杯的水倒入茶洗,再将公道杯中的茶汤均匀分到品茗杯。(见图10-62)

图 10-62　分茶(2)

9. 奉茶

双手敬奉,行伸掌礼,并说"您好,请用茶!"当品饮者杯中留有三分之一左右茶汤时,应该继续分茶。(见图10-63)

图 10-63　奉茶(5)

10. 收具

奉茶结束,收拾茶具,茶具归位。清洁桌面和地面垃圾。(见图10-64)

图 10-64　收具(5)

拓展技能:黑茶煮茶法

(1)撬茶:要选工艺无明显缺陷的老茶,顺着砖纹理撬茶,面茶、里茶各适量。

(2)包茶:按照茶水比1:20撬取砖(饼)茶,装入茶包袋中。

(3)醒茶:将包好的茶包放入公道杯中,注入100毫升沸水,使茶包完全浸润在水中,1分钟后倒出第一泡茶汤。

(4)投茶:将醒茶后的茶包投入煮茶器。

(5)注水:按照茶水比例1:100注入冷水,即投7克茶注入700毫升水。

(6)煮茶:水煮开后,中小火煮8分钟左右,茶汤颜色呈橙红色或酒红色即可。

三、活动评价

活动结束后进行活动评价，并记录在下表。

序　号	项　目	要　求	总　分	得　分
1	仪容仪表	服饰干净整洁，表情自然，动作端庄大方	5	
2	布具	茶具准备齐全，摆放合理有序	5	
3	赏茶	动作轻柔大方，干茶不掉，介绍生动简洁	10	
4	温杯	水量均匀，逆时针回旋	10	
5	投茶	投茶方式选择恰当，投茶量正确	10	
6	冲泡	熟练运用定点注水，煮茶方法正确	20	
7	分茶	茶汤均匀，至杯中七分满	10	
8	奉茶	依次奉茶，使用礼貌用语，行伸掌礼	10	
9	品茶	持杯姿势正确，姿态优雅大方	10	
10	收具	茶具归位，清洁干净，摆放整齐	10	
	总分		100	

≫→ **课后作业**

(1)简述黑茶紫砂壶冲泡的基本步骤。

(2)反复练习黑茶紫砂壶泡法和煮茶法。

任务六　掌握白茶的冲泡技法

> **核心概念**

白茶：属微发酵茶，汤色黄绿清澈，滋味清淡，因成品茶多为芽头，满披白毫，如银似雪而得名。白茶根据原料不同，冲泡时应遵循"新茶泡，老茶煮"的原则，科学品饮。

> **学习目标**

(1)掌握白茶盖碗冲泡的基本步骤。

(2)掌握白茶盖碗冲泡的方法与技巧。

(3)掌握白茶煮茶的方法与技巧。

(4)能够进行白茶盖碗冲泡的茶艺表演。

> **基本知识**

年份短的白毫银针和白牡丹，冲泡水温控制在 $85\sim90\,^{\circ}\mathrm{C}$，大约 $10\sim20$ 秒出汤，滋味鲜醇绵甜，可冲泡 $6\sim8$ 次。老白茶(寿眉、贡眉)需用 $100\,^{\circ}\mathrm{C}$ 的沸水冲泡，才能让茶味尽显。上了年份的老白茶，还可以煮着喝，在冬日里煮一壶老白茶，最适宜不过了。2020 年疫情期间，国家卫健委发布《新型冠状病毒感染的肺炎防治营养膳食指导》文件，明确指出要保证充足饮水量，多饮淡茶水。白茶茶性温和，享有"一年茶，三年药，七年宝"的赞誉。老白茶中的黄酮类化合物具有抗菌、消炎、解毒的功效，老少皆宜，一年四季都可饮用。

>> ● |活动设计|......

一、活动组织

实训安排：

实训项目	白茶盖碗冲泡
实训要求	(1)掌握白茶盖碗冲泡的基本步骤； (2)掌握白茶盖碗冲泡的方法与技巧； (3)掌握白茶煮茶的方法与技巧； (4)能够进行白茶盖碗冲泡的茶艺表演
实训时间	90分钟
实训条件	(1)可以容纳60人实操的茶艺实训室； (2)投影仪、音响、茶服； (3)随手泡、煮茶炉、煮茶壶、水盂、茶叶罐、茶荷、茶道六君子、茶滤、茶巾、盖碗、公道杯、品茗杯、奉茶盘等； (4)茶叶：白毫银针、白牡丹、老贡眉
实训方法	示范讲解、情景模拟、分组练习、小组讨论

实训步骤：

(1)教师示范并讲解白茶盖碗冲泡的基本步骤。

(2)学生分组练习白茶盖碗冲泡和煮茶的基本操作。

(3)师生配合分组进行白茶盖碗冲泡的茶艺表演。

(4)学生完成实训报告，填写下列实训报告单。

(5)教师及时点评总结。

实训报告单：

组　别	班　级	小组成员姓名	分工情况	小组成员互评	教师点评

二、活动实施

1. 备具

白茶盖碗冲泡的备具如图10-65所示。

2. 布具行礼

主泡器盖碗放置在茶席正中间，正对茶艺师鼻尖下方，公道杯摆放在盖碗左侧斜上方45度，随手泡放在茶桌在侧与盖碗平行。茶则、茶叶罐放在盖碗右侧与之平行。茶洗摆放在茶桌右上角，品茗杯与茶洗平行摆放成一条直线；茶

图10-65　备具(6)

巾紧挨盖碗,摆放在盖碗左侧。(见图 10-66)

布具后行礼,如图 10-67 所示。

图 10-66 布具(6)

图 10-67 行礼(6)

3. 赏茶

请客人欣赏待泡茶叶的形状、颜色、香气,双手拿取茶荷,对外倾斜 15 度,自右向左平移展示。(见图 10-68)

图 10-68 赏茶(6)

4. 温杯

提壶注水,依次温盖碗、公道杯、品茗杯,最后将品茗杯的水倒入茶洗。(见图 10-69)

图 10-69 温杯(6)

5. 投茶

拿取茶匙,将适量茶叶迅速投入盖碗中。(见图 10-70)

6. 摇香

利用高温激发茶叶内质的原理,横向摇香三次,可向来宾传递闻香。(见图 10-71)

图 10-70　投茶(6)　　　　　　　　　　图 10-71　摇香(2)

7. 冲泡

提壶沿碗壁环绕式注水,约 10～20 秒后出汤至公道杯中。(见图 10-72)

图 10-72　冲泡(6)

8. 分茶

将公道杯中的茶汤均匀分到品茗杯至七分满。(见图 10-73)

图 10-73　分茶(3)

9. 奉茶

双手敬奉,行伸掌礼,并说"您好,请用茶!"当品饮者杯中留有三分之一左右茶汤时应该继续分茶。(见图 10-74)

图 10-74　奉茶(6)

10. 收具

奉茶结束,收拾茶具,茶具归位。清洁桌面和地面垃圾。(见图 10-75)

图 10-75　收具(6)

拓展技能:白茶煮茶法

(1)撬茶:要选工艺无明显缺陷的老茶,顺着饼茶纹理撬茶,面茶、里茶各适量。

(2)包茶:取 8 克老白茶,装入茶包袋中。

(3)醒茶:将包好的茶包放入公道杯中,注入 100 毫升沸水,使茶包完全浸润在水中,1 分钟后倒出第一泡茶汤。

(4)投茶:将醒茶后的茶包投入煮茶器。

(5)注水:按照茶水比例 1∶100 注入冷水,即投 8 克茶注入 800 毫升水。

(6)煮茶:文火(连续加热)慢炖,45 分钟最佳。

(7)将壶盖开启一条缝隙透气。

三、活 动 评 价

活动结束后进行活动评价,并记录在下表。

序 号	项 目	要 求	总 分	得 分
1	仪容仪表	服饰干净整洁,表情自然,动作端庄大方	5	
2	布具	茶具准备齐全,摆放合理有序	5	
3	赏茶	动作轻柔大方,干茶不掉,介绍生动简洁	10	
4	温杯	水量均匀,逆时针回旋	10	
5	投茶	投茶方式选择恰当,投茶量正确	10	
6	冲泡	熟练运用环绕式注水,煮茶方法正确	20	
7	分茶	茶汤均匀,至杯中七分满	10	
8	奉茶	依次奉茶,使用礼貌用语,行伸掌礼	10	
9	品茶	持杯姿势正确,姿态优雅大方	10	
10	收具	茶具归位,清洁干净,摆放整齐	10	
	总分		100	

≫→ ▍课后作业▍······

(1)简述白茶盖碗冲泡的基本步骤。

(2)反复练习白茶盖碗泡法和煮茶法。

[1]江用文,童启庆.茶艺师培训教材[M].北京:金盾出版社,2008.

[2]虞富莲.中国古茶树[M].昆明:云南科技出版社,2016.

[3]林治.中国茶艺[M].北京:中华工商联合出版社,2000.

[4]陈小平.茶艺服务技术[M].成都:西南交通大学出版社,2014.

[5]周爱东.茶艺赏析[M].北京:中国纺织出版社,2019.

[6]邹勇文,赵彤,缪圣桂.中国茶文化与茶艺[M].北京:中国旅游出版社,2017.

[7]罗军.中国茶典藏:220种标准茶样品鉴与购买完全宝典[M].北京:中国纺织出版社,2016.

[8]周重林,李明.民国茶范:与大师喝茶的日子[M].武汉:华中科技大学出版社,2017.

[9]刘巧灵,牛丽,朱海燕.水质对茶汤品质影响研究综述[J].茶叶通讯,2020,47(04).